MATHEMATIK TRAINING

W0407612

Alfred Müller

Geometrie 10. Klasse – 1

Ebene Geometrie, Raumgeometrie

STARK

Bildnachweis:
S. 1: Felix R. Paturi, Die Geschichte des Fahrrads, AT Verlag Aarau Schweiz 1988, S. 43;
S. 3: Johannes Lehmann, So rechneten die Griechen und Römer, Urania Verlag Leipzig 1994, S. 52;
S. 6: Heinrich Wölfflin und Eberhard Hanfstaengl, Albrecht Dürer, Bruckmann Verlag München 1968, S. 50; S. 27: Flavio Conti, Wie erkenne ich Renaissance Kunst? Architektur Skulptur Malerei, Belser Verlag Stuttgart 1978, S. 15; S. 57: Bruno Barbey, Magnum, Paris

Dieser Band wurde nach der neuen Rechtschreibung abgefasst.

ISBN: 3-89449-288-0

© 1997 by Stark Verlagsgesellschaft mbH · D-85318 Freising · Postfach 1852 · Tel. (08161) 1790
1. Auflage 1997
Nachdruck verboten!

Inhalt

Autor: Alfred Müller

Vorwort

Liebe Schülerin, lieber Schüler,

das vorliegende Trainingsbuch „Mathematik Training, Geometrie 10. Klasse – Band 1“ hilft dir dabei, im Unterricht gewonnenes Wissen aufzufrischen und zu vertiefen, zu wiederholen und dich gezielt auf mündliche Abfragen und auf Klassenarbeiten vorzubereiten.

- Zuerst werden die Inhalte des Unterrichts kurz aufgegriffen und an **Beispielen** verdeutlicht.
- Zu jedem Abschnitt gibt es charakteristische, häufig umfangreichere **Übungsaufgaben** mit mehreren Teilaufgaben zur Einübung des aktuellen Stoffs.
- Anhand der **ausführlichen Lösungen** kannst du den jeweiligen Stoff noch einmal durcharbeiten, die Richtigkeit deiner Lösungen überprüfen und sogar das, was du noch nicht verstanden hast, selbst erarbeiten.

Ich wünsche dir viel Erfolg und viel Freude bei der Arbeit mit diesem Buch!

Alfred Müller

Ich danke meinen Fachkollegen vom Gymnasium Casimirianum, Coburg, die mir freundlicherweise Aufgaben überlassen haben.

Ebene Geometrie: Kreismessung

Die Herstellung eines kreisförmigen Rades war eine der größten Erfindungen der Menschheit. Beim Fahrrad – auch in seiner „Urform" – wirken zwei solche Radkreise in idealer Weise zusammen.

1 Umfang und Flächeninhalt des Kreises

1.1 Kreisumfang und Kreiszahl π

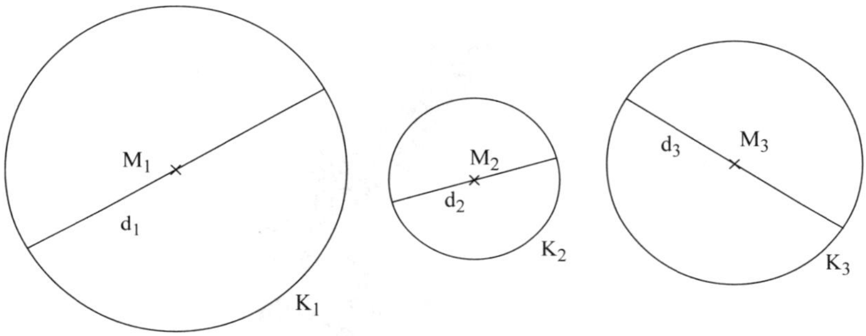

Aus der Geometrie der 9. Klasse ist bekannt, dass alle Kreise zueinander ähnlich sind und dass in ähnlichen Figuren gleich liegende Stücke im gleichen Verhältnis stehen, d. h. das Verhältnis von Umfang u zum Durchmesser d ist bei allen Kreisen die gleiche Zahl. Diese **Kreiszahl** wird nach LEONARD EULER (1707–1783) mit dem griechischen Buchstaben π bezeichnet. Es gilt also:

$\frac{u}{d} = \pi \;\Rightarrow\; u = d \cdot \pi$

Mit d = 2r bekommt man die Formel für den

Umfang des Kreises
$u_{Kr} = 2r\pi$

Beispiel:

Ein Kreis hat den Radius r = 3 cm. Wie groß ist sein Umfang?

Lösung:
$u_{Kr} = 2r\pi = 2 \cdot 3 \cdot \pi \text{ cm} = 6\pi \text{ cm}$

Was noch fehlt, ist die Größe der **Kreiszahl** π. Dazu sollen einige wenige historische **Anmerkungen** gemacht werden (siehe auch Aufgabe 1 und Aufgabe 12).

1. Die Bibel verwendet im 1. Buch der Könige, Kap. 7, Vers 23 den Wert $\pi = 3$, der auch aus Babylon bekannt ist.
2. Im Papyrus Rhind, das zwischen 2000 und 1700 v. Chr. in Ägypten entstand, wurde der Wert $\pi \approx (\frac{16}{9})^2 = 3{,}16049\ldots$ verwendet.
3. Die alten Inder verwendeten den Wert $\pi = \sqrt{10} = 3{,}16227\ldots$
4. PLATON (427–348 v. Chr.) verwendete den Wert $\pi \approx \sqrt{2} + \sqrt{3} = 3{,}14626\ldots$
5. ARCHIMEDES VON SYRAKUS (287–212 v. Chr.) ging als Erster systematisch an die Berechnung des Kreisumfanges heran. Er ging davon aus, dass der Umfang eines dem Kreis einbeschriebenen Vielecks kleiner und eines umbeschriebenen Vielecks größer ist als der Kreisumfang. Durch fortgesetzte Verdopplung der Eckenzahl nähern sich die Umfänge der Vielecke immer mehr dem Kreisumfang an. Er begann mit dem gleichseitigen Dreieck und rechnete die Umfänge bis zum regulären 96-Eck aus.

Aus den Umfängen der ein- und umbeschriebenen Vielecke der Dreiecksfolge erhielt er beim 96-Eck für π die folgende (rationale) Ungleichung, weil er die auftretenden Wurzeln durch rationale Näherungswerte ersetzte.

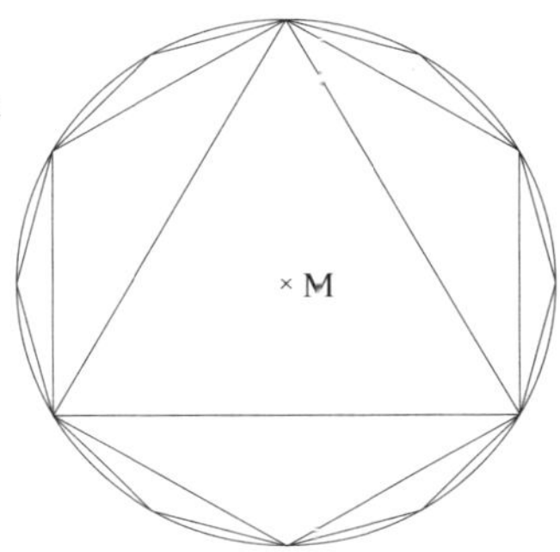

$3\frac{10}{71} < \pi < 3\frac{10}{70}$ oder

$3{,}14084\ldots < \pi < 3{,}14285\ldots$

Noch heute verwendet man als gute rationale Näherung für π den Wert

$\pi \approx 3\frac{1}{7} = \frac{22}{7}$.

Mit modernen Computern erhält man den folgenden Ausdruck für die Berechnung der Zahl mit der Methode von Archimedes.

n-Eck	π aus dem Umfang des einbeschriebenen n-Ecks	π aus dem Umfang des umbeschriebenen n-Ecks
6	3.000000000000000	3.464101615137755
12	3.105828541230249	3.215390309173472
24	3.132628613281236	3.159659942097498
48	3.139350203046864	3.146086215131432
96	3.141031950890505	3.142714599645363
192	3.141452472285456	3.141873049979817
384	3.141557607911851	3.141662747056842
768	3.141583892148311	3.141610176604682
1536	3.141590463228042	3.141597034321518
3072	3.141592105999263	3.141593748771343
6144	3.141592516692148	3.141592927385087
12288	3.141592619365373	3.141592722038603
24576	3.141592645033680	3.141592670701986
49152	3.141592651450755	3.141592657867832
95304	3.141592653055023	3.141592654659291
196608	3.141592653456089	3.141592653857156
393216	3.141592653556355	3.141592653656622
786432	3.141592653581421	3.141592653606488
1572864	3.141592653587687	3.141592653593954
3145728	3.141592653589253	3.141592653590819

Näherungswert von PI 3.141592653590

6. LEONARDO DA PISA (Leonardo Fibonacci) (1180–1250) berechnete aus dem 96-Eck den Näherungswert

$\pi \approx (12^2 \cdot 10) : 458\frac{1}{3} = 3{,}14181\ldots$

7. LUDOLF VON CEULEN (1539–1610) berechnete die Zahl π mit ungeheurem Fleiß auf 35 Dezimalstellen. Nach ihm heißt π auch *ludolfsche Zahl.*
Heutige Computer können π auf beliebig viele Stellen nach dem Komma ausrechnen, z. B. wurde im Jahre 1987 für das Guiness-Buch der Rekorde in Japan die Zahl π auf 133 554 Millionen Stellen nach dem Komma ausgerechnet.

8. LEONARD EULER (1707 – 1783) und nach ihm noch weitere Mathematiker verwendeten unendliche Summen zur Berechnung von π, wie z. B.

   $\frac{\pi^2}{8} = \frac{1}{1^2} + \frac{1}{3^2} + \frac{1}{5^2} + \frac{1}{7^2} + \ldots$

9. JOHANN HEINRICH LAMBERT (1728 – 1777) bewies im Jahre 1776, dass die Zahl π irrational ist, d. h. sich nicht als Quotient zweier natürlicher Zahlen schreiben lässt.

10. FERDINAND LINDEMANN (1852 – 1939) zeigte im Jahre 1882, dass die Zahl π nicht Wurzel (Lösung) einer algebraischen Gleichung mit ganzzahligen Koeffizienten sein kann, d. h. die Zahl π ist transzendent irrational. Damit war auch gezeigt, dass die **Quadratur des Kreises**, d. h. die Umwandlung eines Kreises in ein flächengleiches Quadrat allein mit Zirkel und Lineal unmöglich ist.

Wir verwenden heute die Zahl π aus dem Taschenrechner und runden auf die gewünschte Genauigkeit oder man lässt die Zahl π als Zahl im Ergebnis stehen.

Beispiel:

Der Umfang eines Kreises mit Radius r wird durch den Umfang eines Quadrates ersetzt, dessen Diagonale 2,4r beträgt.
Welcher Wert für π wird verwendet?

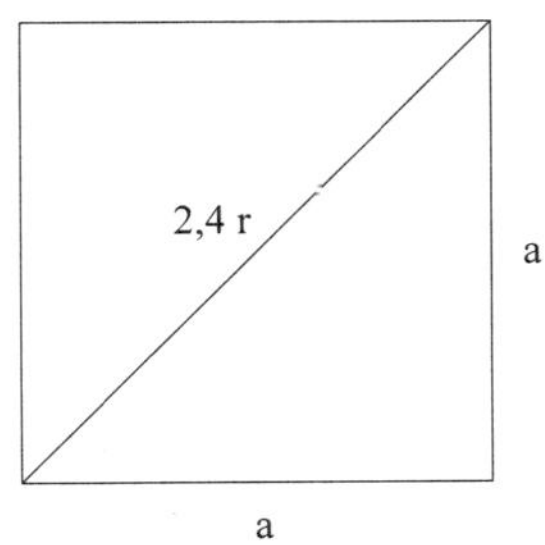

Lösung:
Im Quadrat gilt:

$a^2 + a^2 = (2{,}4r)^2 \Rightarrow 2a^2 = (2{,}4r)^2 \Rightarrow$

$a^2 = \frac{1}{2} \cdot (2{,}4r)^2 \Rightarrow a = \frac{2{,}4r}{\sqrt{2}}$

Jetzt soll gelten:

$U_Q = U_{Kr}$

$4a = 2r\pi \Rightarrow 4a = 4 \cdot \frac{2{,}4r}{\sqrt{2}} = 2r\pi \Rightarrow \pi = \frac{2{,}4}{\sqrt{2}} \cdot 2 \approx 3{,}39$

Der Näherungswert für π beträgt hier π ≈ 3,39.

Aufgaben

1. ALBRECHT DÜRER gab 1525 folgende Näherungskonstruktion für den Kreisumfang an: Man ziehe zwei aufeinander senkrechte Durchmesser und verlängere jeden der erhaltenen vier Halbmesser um ein Viertel seiner Länge. Die vier Endpunkte bilden die Ecken eines Quadrates, dessen Umfang nur ein „*kleynes weges*" von dem des Kreises abweiche.
Welchen Wert für π benutzte Albrecht Dürer?

2. a) Die Umfänge zweier Kreise unterscheiden sich um 6π cm. Um wie viel unterscheiden sich die Radien dieser Kreise?

b) Um wie viel unterscheiden sich die Umfänge zweier Kreise mit den Radien r (in cm) und r + 1 (in cm)?

c) Wie ändert sich der Radius eines Kreises, wenn man seinen Umfang um 1 m vergrößert?

3. a) Eine Diskette hat den Durchmesser 3,5 Zoll = 3,5" (1 Zoll = 2,54 cm). Wie groß ist ihr Umfang?

b) Das Rad eines Fahrrades hat den Durchmesser 26" = 26 Zoll. Wie oft dreht es sich auf einer Entfernung von 1 km?

4. Der Mond umkreist die Erde im Abstand $r = 3{,}84 \cdot 10^5$ km vom Erdmittelpunkt. Welchen Umfang hat die Mondbahn?

5. Wie groß ist der Radius der Sonne, wenn der Sonnenäquator eine Länge von 4 370 000 km besitzt?

6. Welchen Umfang darf der kreisförmige Querschnitt einer Regentonne höchstens haben, wenn sie im Winter in einem Schuppen abgestellt werden soll, der eine 1 m breite Tür besitzt?

1.2 Flächeninhalt des Kreises

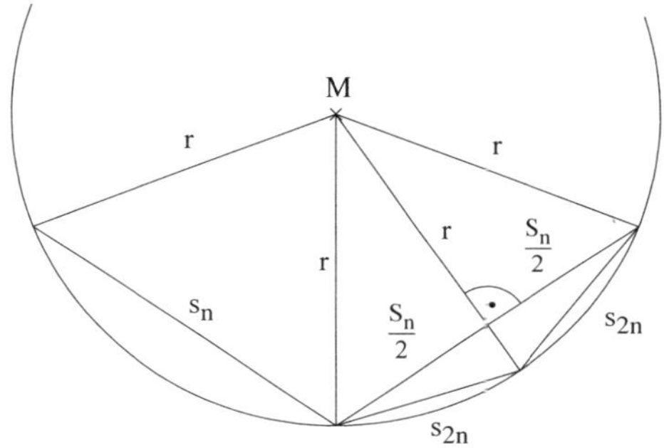

Aus nebenstehender Skizze ist ersichtlich, dass bei den einbeschriebenen Vielecken beim Übergang vom n-Eck zum 2n-Eck für die Fläche A_{2n} der 2n-Bestimmungsdreiecke gilt:

$A_{2n} = 2n \cdot \frac{1}{2} \cdot r \cdot \frac{s_n}{2}$,

wenn s_n die Seitenlänge des n-Ecks ist.

Nach Umformung ergibt sich:

$$A_{2n} = \frac{1}{2} r \cdot \underbrace{n \cdot s_n}_{u_n} = \frac{1}{2} \cdot r \cdot u_n$$

$n \cdot s_n$ ist der Umfang des n-Ecks.

Bei weiterer Verdopplung der Eckenzahl nähert sich der Umfang des Vielecks dem Umfang des Kreises und der Flächeninhalt des Vielecks dem Flächeninhalt des Kreises, d. h.

$A_{2n} \to A_{Kr}$ und $u_n \to u_{Kr} \Rightarrow A_{Kr} = \frac{1}{2} r \cdot u_{Kr} = \frac{1}{2} r \cdot 2r\pi = r^2\pi$

Flächeninhalt des Kreises
$A_{Kr} = r^2\pi$

Beispiele:

1. Berechne den Flächeninhalt eines Kreises mit dem Radius $r = 5$ cm auf zwei Dezimalen genau.

   Lösung:
   $A_{Kr} = r^2\pi = 5^2\pi \text{ cm}^2 = 25\pi \text{ cm}^2 \approx 78{,}54 \text{ cm}^2$

2. Ein konzentrischer Kreisring hat den äußeren Radius R = 10 cm und eine Fläche $A_{Ring} = 84\pi\ cm^2$.
   Wie breit ist der Ring?

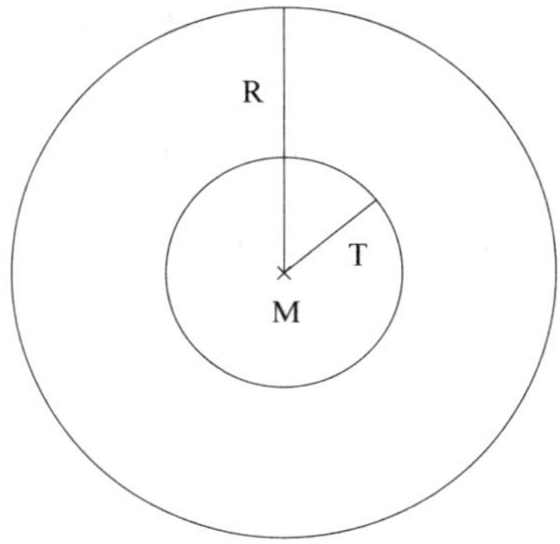

Lösung:

$A_{Ring} = R^2\pi - r^2\pi = 10^2\pi - r^2\pi$
$= 100\pi - r^2\pi = 84\pi$
$\Rightarrow\ r^2\pi = 100\pi - 84\pi = 16\pi$
$\Rightarrow\ r^2 = 16 \Rightarrow r = 4$ cm

Der Ring ist d = R – r = 6 cm breit.

Aufgaben

7. Eine Firma bietet Gartentische an, deren kreisförmige Tischplatten entweder den Durchmesser 1,10 m oder 1,30 m besitzen. Um wie viel % übertrifft der Flächeninhalt der größeren Tischplatte den der kleineren?

8. a) Ein konzentrischer Kreisring ist 2 cm breit und besitzt eine Fläche von $16\pi\ cm^2$. Wie groß sind der innere Radius r bzw. der äußere Radius R?

b) Ein konzentrischer Kreisring mit dem inneren Radius r = 0,5 m hat eine Fläche von 2,4 m^2. Wie breit ist der Ring?

c) Ein 20 cm breiter konzentrischer Kreisring hat einen äußeren Radius R = 50 cm. Berechne seinen Flächeninhalt in m^2.

d) Ein konzentrischer Kreisring hat eine Fläche, die doppelt so groß ist wie die Fläche des inneren Kreises. In welchem Verhältnis stehen die beiden Radien R und r?

e) Der Umkreis und der Inkreis eines Quadrates mit der Seitenlänge a bilden einen konzentrischen Kreisring. Für welche Seitenlänge a hat der Kreisring den Flächeninhalt A = 9 cm^2?

9. a) Wie verändert sich der Flächeninhalt eines Kreises, wenn der Umfang vervierfacht wird?

b) Wie verändert sich der Umfang eines Kreises, wenn der Flächeninhalt vervierfacht wird?

10. a) Ein runder Tisch hat einen Durchmesser von 1,5 m. Zeige, dass ein quadratischer Tisch mit gleichem Umfang eine kleinere Fläche besitzt. Berechne dazu diese Flächendifferenz auf 2 Dezimalen.

b) Ein runder Tisch mit dem Radius r hat den gleichen Umfang wie ein quadratischer Tisch. Um wie viel % ist die Fläche des quadratischen Tisches kleiner als die Fläche des runden Tisches?

11. Die Fläche eines Quadrates ist um 9,13 cm^2 kleiner als die Fläche seines Umkreises. Wie groß ist die Seite a des Quadrates?

12. Die Fläche eines Kreises mit Radius r wurde im 18. und 19. Jahrhundert zur Näherung der Zahl π ersetzt durch die Fläche eines Quadrates mit der Diagonalen

a) $d = \frac{5}{2}r$

b) $d = \frac{32}{9\sqrt{2}}$

c) $d = \frac{23\sqrt{2}}{13}r$

Welcher Wert wurde jeweils für π verwendet und um wie viel % weicht dieser Wert von dem Wert ab, der dem Taschenrechner entnommen werden kann?

13. Zeige, dass die Formel

(Länge des Mittelkreises) mal
(Breite des Kreisringes)

die Fläche des Kreisringes ergibt.

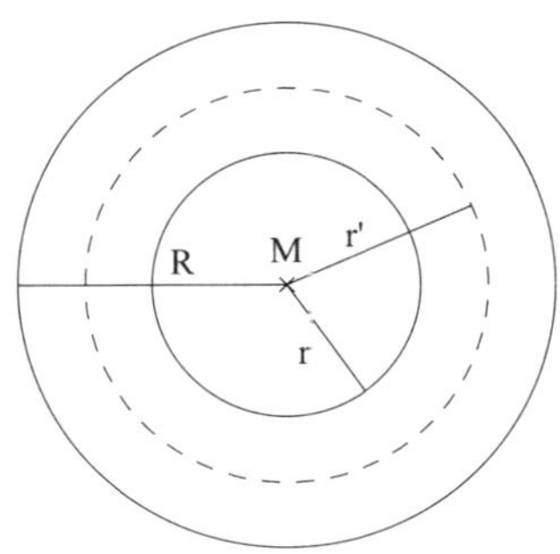

2 Kreisbogen und Kreissektor

2.1 Kreisbogen und Bogenmaß

In einem Kreis gehören zu gleich großen Mittelpunktswinkeln gleich lange Bögen. Gehört zum Winkel φ der Bogen b, dann gehört zum Vollwinkel 360° der Kreisumfang $u_{Kr} = 2r\pi$, d. h. es gilt:

$$b : u = \varphi : 360° \Rightarrow b = \frac{\varphi}{360°} \cdot u$$

$$= \frac{\varphi}{360°} \cdot 2r\pi = \frac{\varphi}{180°} \cdot r\pi$$

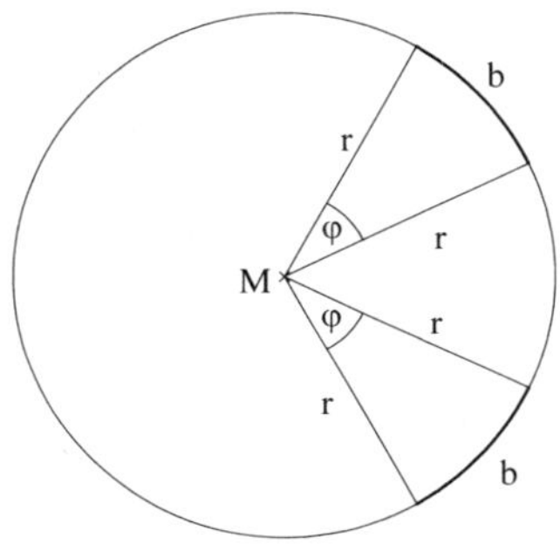

Damit erhält man die

Länge des Kreisbogens

$$b = \frac{\varphi}{360°} \cdot 2r\pi = \frac{\varphi}{180°} \cdot r\pi$$

Beispiel:

Auf dem Zifferblatt einer Turmuhr sind die Stundenmarkierungen auf einem Kreis mit dem Radius 0,5 m angebracht. Wie lang ist der Kreisbogen zwischen zwei aufeinander folgenden Stundenmarkierungen?

Lösung:

$$\varphi = 360° : 12 = 30° \Rightarrow b = \frac{30°}{180°} \cdot 0{,}5\pi \text{ m} \approx 0{,}26 \text{ m} = 26 \text{ cm}$$

Aus der nebenstehenden Skizze und der obigen Formel für die Länge des Kreisbogens erhält man:

$b_1 = \frac{\varphi}{180°} \cdot r_1\pi$

$b_2 = \frac{\varphi}{180°} \cdot r_2\pi$

$b_3 = \frac{\varphi}{180°} \cdot r_3\pi$ usw.

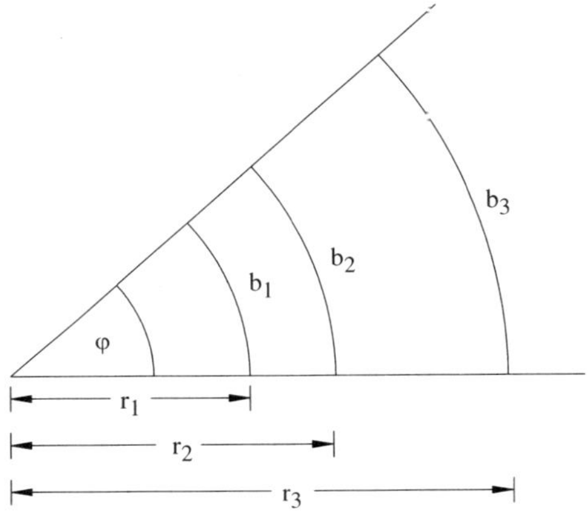

In allen Fällen gilt, dass das Verhältnis

$\frac{b_1}{r_1} = \frac{b_2}{r_2} = \frac{b_3}{r_3} = \frac{\varphi}{180°} \cdot \pi$

eine konstante Zahl ist, die nicht mehr vom Radius, sondern nur noch vom Winkel φ abhängt.

Diese Zahl heißt auch das

Bogenmaß des Winkels

$x = \frac{\varphi}{180°} \cdot \pi$

Anmerkung: Diesen Wert x des Bogenmaßes erhält man auch, wenn man in die Formel für die Bogenlänge r = 1 LE (1 Längeneinheit) einsetzt. Ein Kreis mit Radius r = 1 LE heißt **Einheitskreis**.

Im Einheitskreis gilt folglich: Das Bogenmaß des Winkels φ und die Maßzahl x der zugehörigen Bogenlänge stimmen überein.

Beispiel:

Vervollständige die folgende Tabelle durch die Angabe des Bogenmaßes x des Winkels φ als Bruchteil von π und als reelle Zahl (2 D).

φ	0°	30°	45°	60°	90°	120°	135°	150°	180°	270°	360°

Lösung:

φ	0°	30°	45°	60°	90°	120°	135°	150°	180°	270°	360°
x	0	$\frac{\pi}{6}$	$\frac{\pi}{4}$	$\frac{\pi}{3}$	$\frac{\pi}{2}$	$\frac{2\pi}{3}$	$\frac{3\pi}{4}$	$\frac{5\pi}{6}$	π	$\frac{3}{2}\pi$	2π
x	0,00	0,52	0,79	1,05	1,57	2,09	2,36	2,62	3,14	4,71	6,28

Aufgaben

14. Berechne jeweils die Bogenlänge b sowie das Bogenmaß x des Winkels φ.

a) $r = 3$ m, $\varphi = 42°$

b) $r = 100$ m, $\varphi = 1°$

15. Rechne jeweils das Bogenmaß um in das Gradmaß.

a) $x = 1$

b) $x = 3{,}89$

16. Eine Seemeile ist die Länge des Bogens, der zum Mittelpunktswinkel 1 Winkelminute ($= 1' = \frac{1}{60}°$) auf dem Äquator gehört. Berechne die Länge einer Seemeile in km, wenn der Erdradius 6 370 km beträgt.

17. Um wie viel % ist der Bogen größer als die zugehörige Seite eines einem Kreis einbeschriebenen

a) gleichseitigen Dreiecks,

b) Quadrats,

c) regelmäßigen Sechsecks?

2.2 Kreissektor

Ein Ausschnitt aus einem Kreis heißt **Kreissektor**. Für die Fläche A_S des Kreissektors gilt, dass sie sich zur gesamten Kreisfläche $A_{Kr} = r^2\pi$ so verhält wie der Mittelpunktswinkel φ zum Vollwinkel 360°, d. h. es gilt:

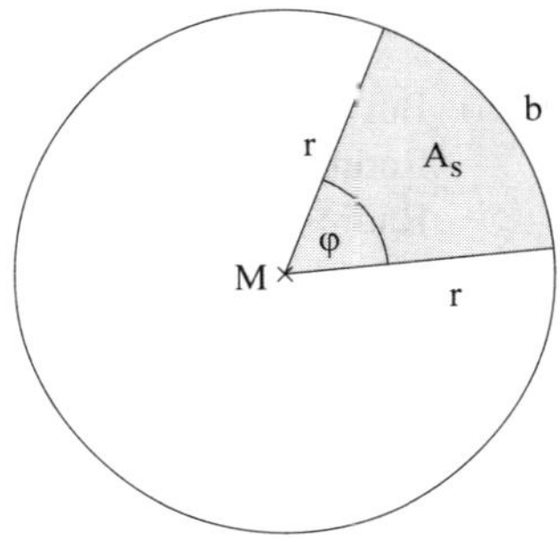

$$A_S : A_{Kr} = \varphi : 360° \Rightarrow A_S = \frac{\varphi}{360°} \cdot r\pi \cdot r$$

$$= \frac{1}{2} \cdot b \cdot r$$

Damit erhält man insgesamt als

Fläche des Kreissektors

$$A_S = \frac{\varphi}{360°} \cdot r^2\pi = \frac{1}{2} \cdot b \cdot r$$

Beispiel:

Aus einem Kreis mit Radius r = 6 cm soll ein möglichst großes reguläres Sechseck ausgeschnitten werden. Berechne den Inhalt der abgeschnittenen **Kreissegmente**.

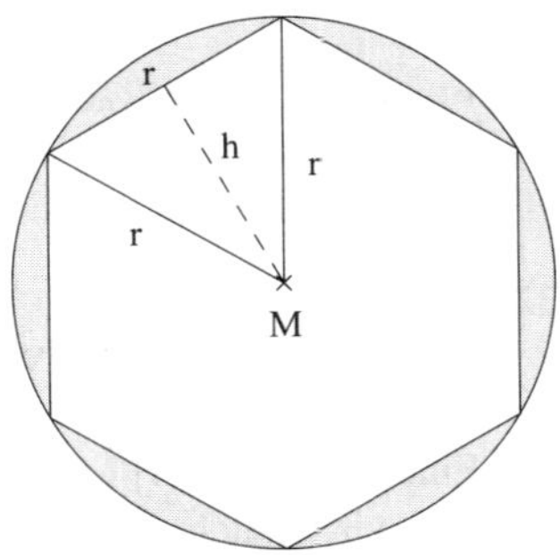

Lösung:

Es entstehen sechs gleichseitige Dreiecke mit dem Radius r als Seite und der Höhe $h = \frac{r}{2}\sqrt{3}$. Der Abfall ist die Differenz aus den sechs Sektor- und den sechs Dreiecksflächen.

$$A_{Abfall} = 6 \cdot (A_S - A_\Delta) = 6 \cdot \left(\frac{\varphi}{360°} \cdot r^2\pi - \frac{1}{2} r \cdot \frac{r}{2}\sqrt{3}\right)$$

$$= 6 \cdot \left(\frac{60°}{360°} \cdot 6^2\pi - \frac{1}{2} \cdot 6 \cdot \frac{6}{2}\sqrt{3}\right) = 6 \cdot (6\pi - 9\sqrt{3}) \approx 19{,}57 \text{ cm}^2$$

Aufgaben

18. Der Bogen eines Kreissektors ist b = 6,3 cm lang, der Mittelpunktswinkel beträgt $\varphi = 69{,}45°$. Bestimme den Inhalt der Sektorfläche.

19. a) Bei einem Kreisring hat der innere Kreis den Radius r, der äußere den Radius 3r. Wie groß ist der Mittelpunktswinkel eines Sektors mit dem Radius 6r, der denselben Flächeninhalt wie der Kreisring hat?

b) Der Umfang eines Kreises mit Radius r ist gleich dem Umfang eines Kreissektors mit gleichem Radius r und dem Mittelpunktswinkel φ. Berechne den Mittelpunktswinkel φ auf zwei Dezimalstellen gerundet im Grad- und im Bogenmaß.

c) Aus einem Kreis mit Radius r = 4 cm wird ein Sektor mit dem Bogen b = 9 cm ausgeschnitten.

(1) Berechne den zugehörigen Mittelpunktswinkel im Grad- und im Bogenmaß sowie die Fläche A_S des Sektors.

(2) Welchen Radius r' hätte ein Kreis, der denselben Umfang besitzt wie der Sektor?

20. Wie groß sind der Mittelpunktswinkel φ und der Inhalt A_S der Fläche eines Sektors, dessen Bogen b gleich dem Radius r des Kreises ist, aus dem er ausgeschnitten wird?

21. Einem Kreis mit Radius r ist ein Quadrat einbeschrieben. Berechne den Mittelpunktswinkel φ des Sektors des Kreises, der flächengleich dem Quadrat ist, im Grund- und im Bogenmaß.

22. Ein Kreissektor besitzt den Mittelpunktswinkel $\varphi = 112°\,51'$. Seine Fläche beträgt $A_S = 300\ \text{cm}^2$. Welchen Umfang hat der Kreissektor?

23. Eine Strecke [AB] ist a Einheiten lang und wird in acht gleiche Teile unterteilt. Über den Teilstrecken von [AB] sind Halbkreise entsprechend der nebenstehenden Skizze gezeichnet. Berechne den Inhalt der farblich schraffierten Fläche in Abhängigkeit von a.

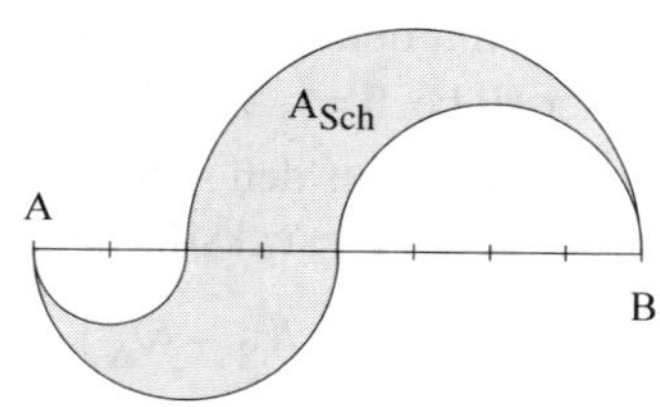

24. Zwei Kreise mit dem gleichen Radius r schneiden sich so, dass der Mittelpunkt des einen Kreises auf dem Umfang des anderen liegt. Welchen Inhalt hat die Fläche, die beide Kreise gemeinsam haben?

25. Die Differenz der Flächen des Umkreises eines Quadrates mit der Kantenlänge a und der Quadratfläche beträgt 14,27 cm². Wie groß ist die Quadratseite a?

26. Gegeben ist die in der nebenstehenden Skizze farblich schraffierte Figur.
Zeige durch Rechnung, dass sich die beiden Halbkreise berühren und berechne dann in Abhängigkeit vom Radius r den Inhalt der farblich schraffierten Figur.

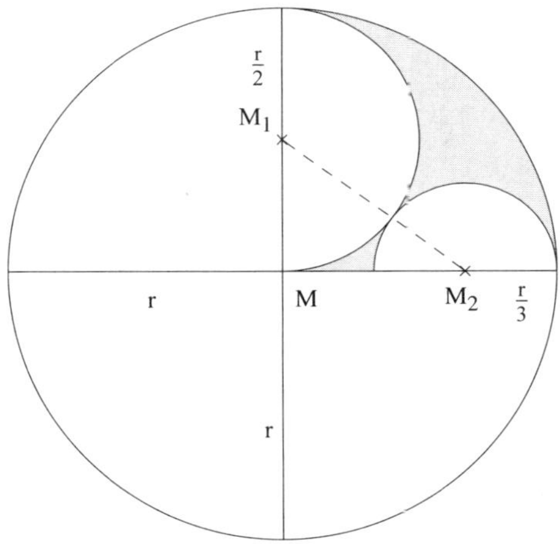

27. In einem Kreis mit Radius r = 5 cm beträgt der Mittelpunktswinkel μ = 120°.
Wie lang ist die Sehne s und wie groß ist der Flächeninhalt der farblich schraffierten Figur?

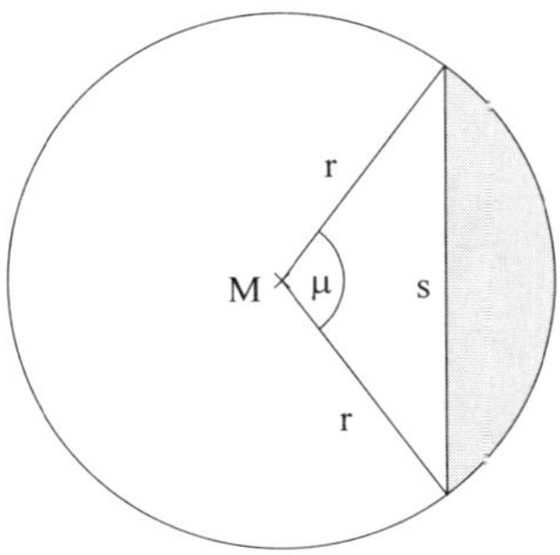

28. Berechne jeweils in Abhängigkeit von der Länge a den Inhalt und den Umfang der farblich schraffierten Figur.

a)

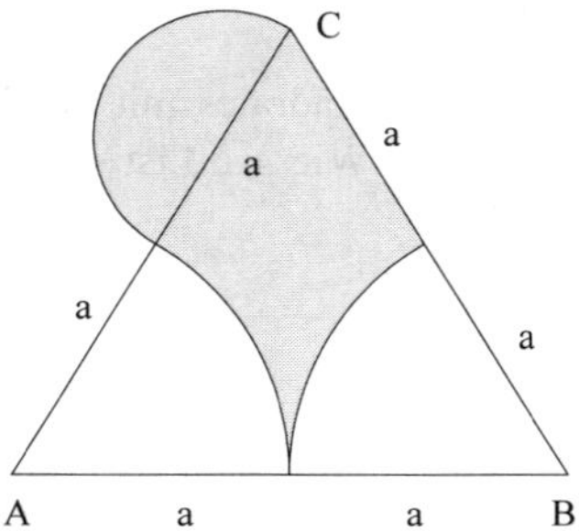

b)

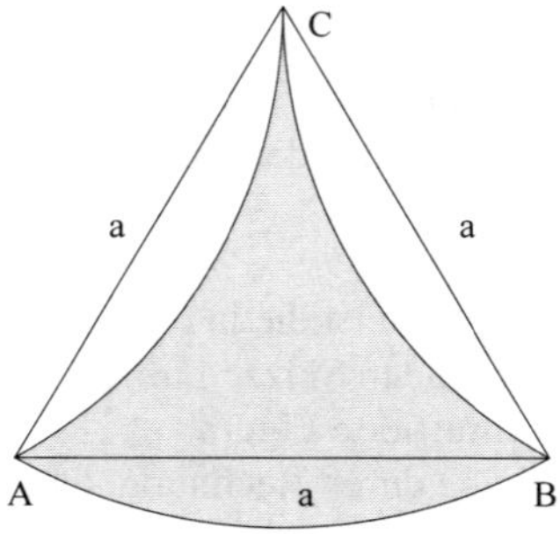

c)

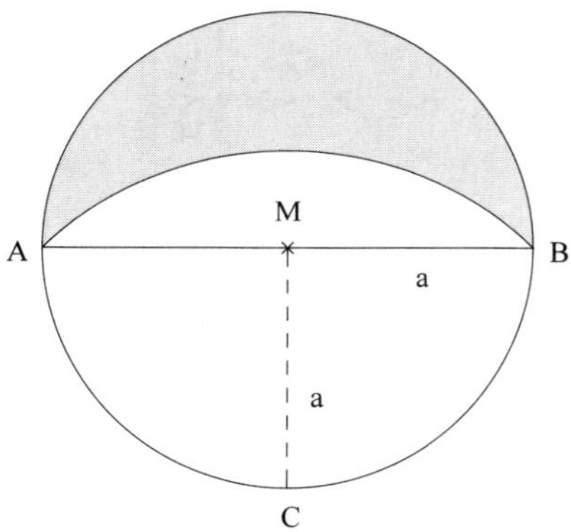

d)

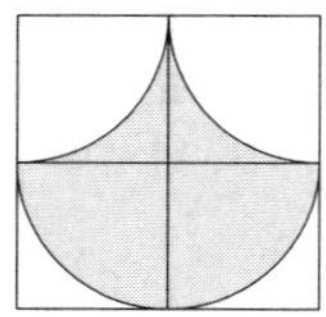

e)

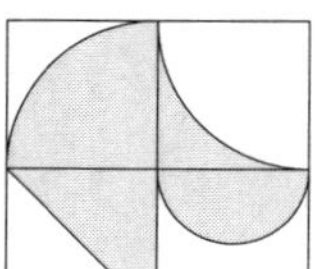

f)

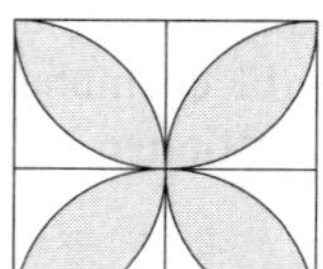

g)

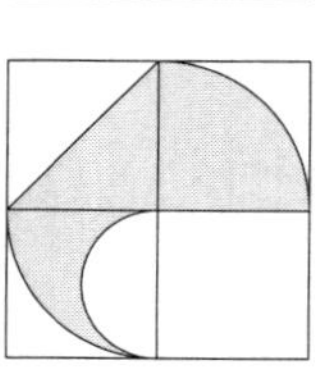

h)

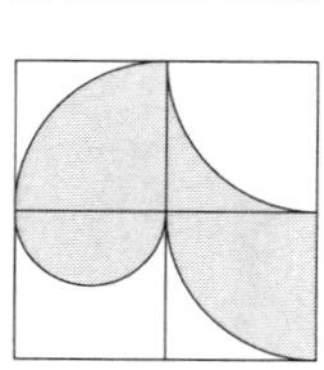

29. Berechne jeweils in Abhängigkeit von der Länge a Inhalt und Umfang der farblich schraffierten Figur.

a)

b)
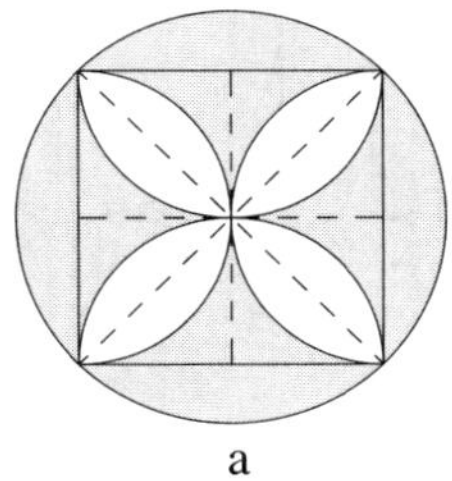

c)
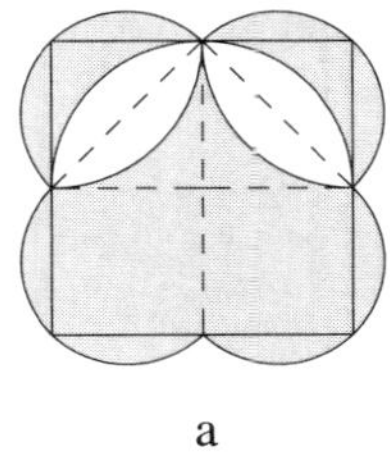

30. Berechne jeweils in Abhängigkeit von der Länge a Inhalt und Umfang der farblich schraffierten Figur.

a)
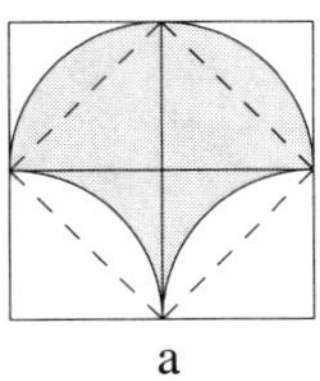

b)
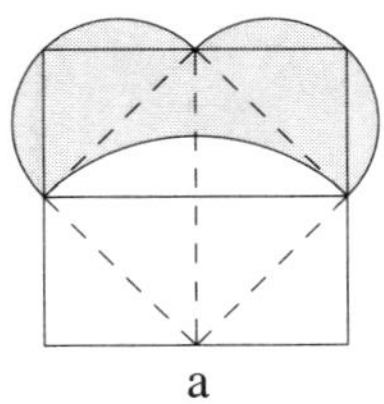

c)
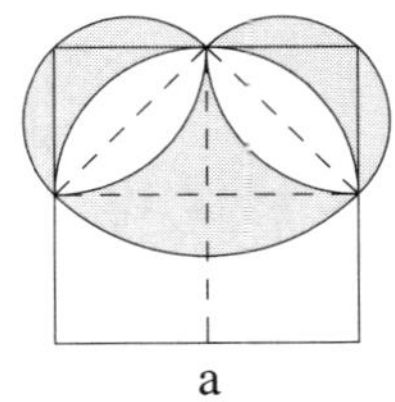

31. Berechne jeweils in Abhängigkeit von der Länge a Inhalt und Umfang der farblich schraffierten Figur.

a)
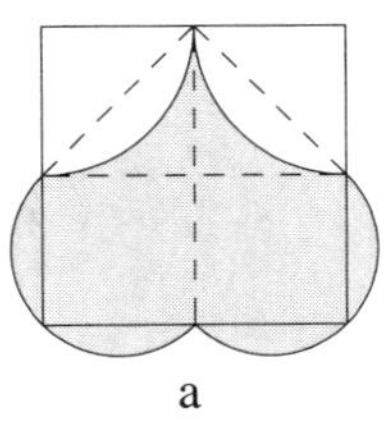

b)
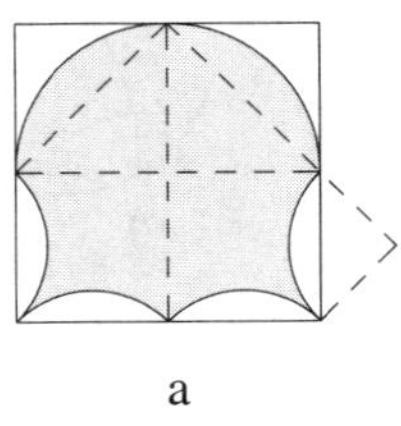

c)
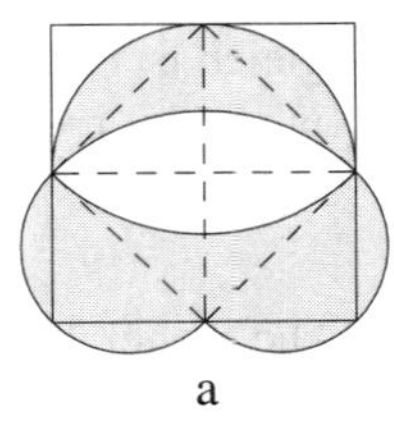

32. Berechne jeweils in Abhängigkeit von der Länge a Inhalt und Umfang der farblich schraffierten Figur.

a)
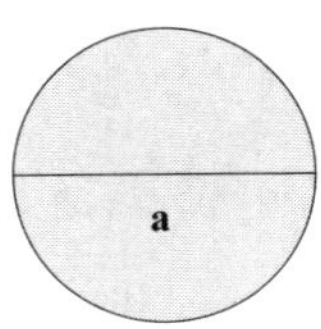

b)
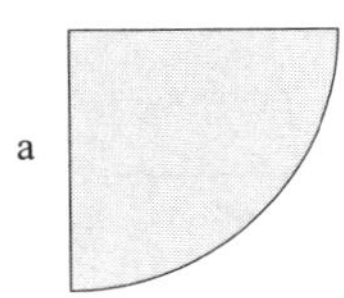

c)
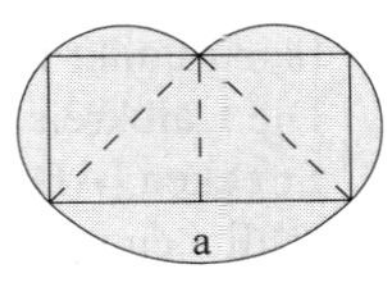

33. Zeige, dass alle fünf farblich schraffierten Figuren der folgenden Skizze den gleichen Flächeninhalt besitzen und gib seinen Wert an.

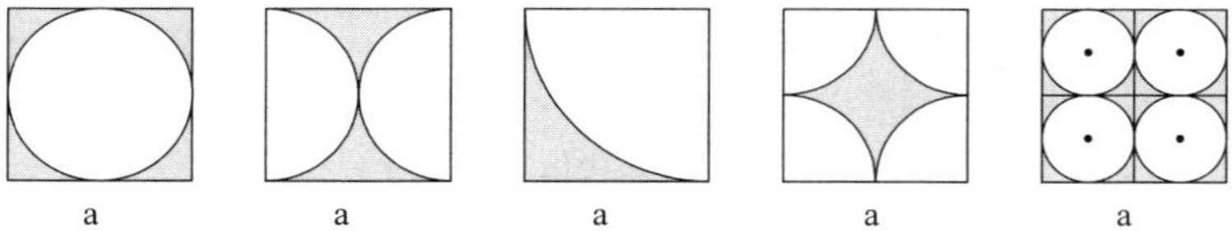

34. a) Bestimme den Inhalt der vier Sicheln in Abhängigkeit von der Seitenlänge a des Quadrates.

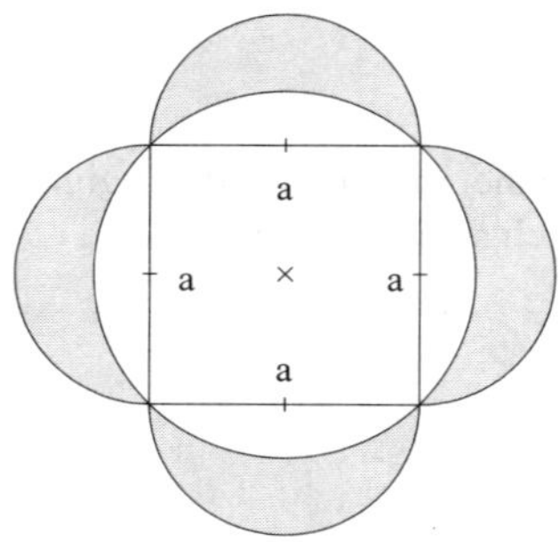

b) Die Möndchen des *Hippokrates*:
Zeige, dass die Summe der Möndchenflächen gleich ist dem Flächeninhalt des rechtwinkligen Dreiecks.

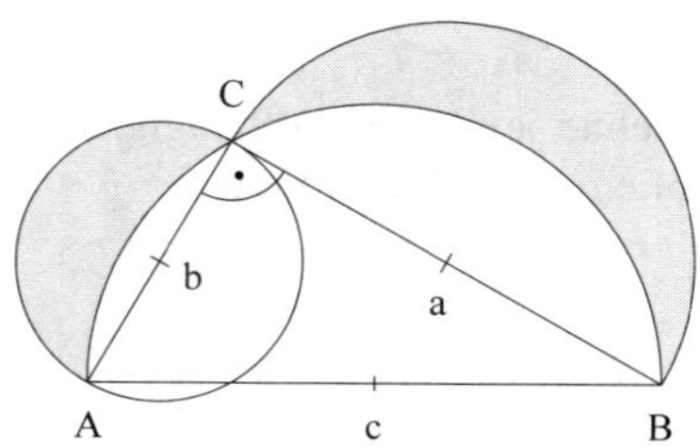

c) Die Sichel des *Archimedes*:
Auf dem Durchmesser [AB] eines Halbkreises wählt man einen beliebigen Punkt D.
Die Halbkreise über den Strecken [AD] und [DB] schließen mit dem Halbkreis über [AB] eine Fläche ein, die genau so groß ist wie die Fläche des Kreises mit $\overline{CD}$ als Durchmesser (siehe Skizze).

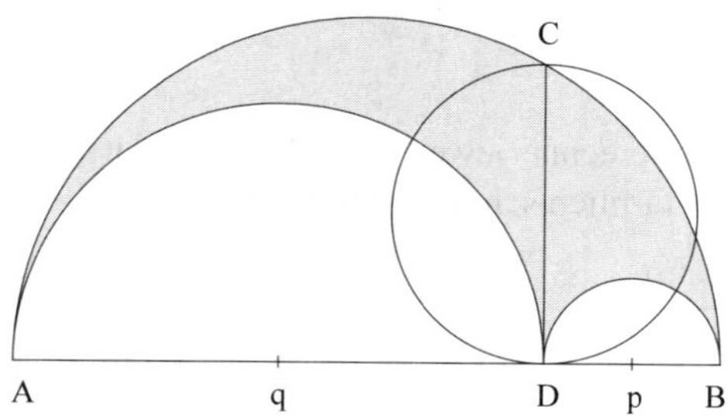

d) In der nebenstehenden Skizze erhält man die Mittelpunkte M_1, M_2, M_3 der Kreisbögen, die die farblich schraffierte Figur bilden, durch Schnitt der Mittelsenkrechten zu den Dreiecksseiten mit den zugehörigen Kreisbögen. Zeige, dass der Inhalt der farblich schraffierten Figur mit dem Flächeninhalt des rechtwinkligen Dreiecks ABC übereinstimmt.

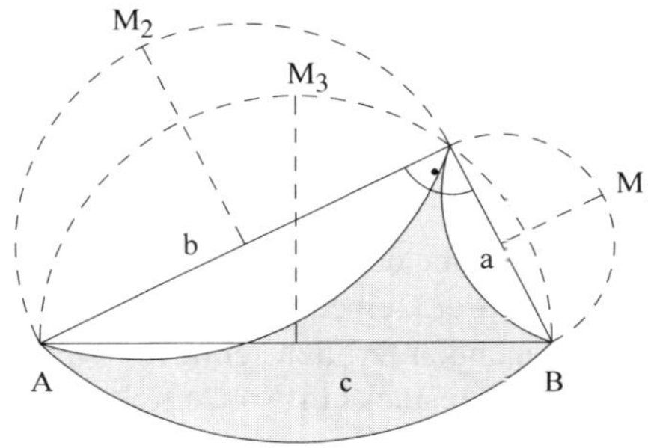

35. Im gleichseitigen Dreieck ABC mit der Seitenlänge $\overline{AB} = 2a$ sind die Mittelpunkte der Seiten [AB] und [AC] mit D bzw. E bezeichnet. Die Parallele durch E zu [AB] schneidet die Seite [CD] im Punkt H. Das Lot von D auf die Seite [BC] schneidet diese im Punkt F (siehe Skizze).

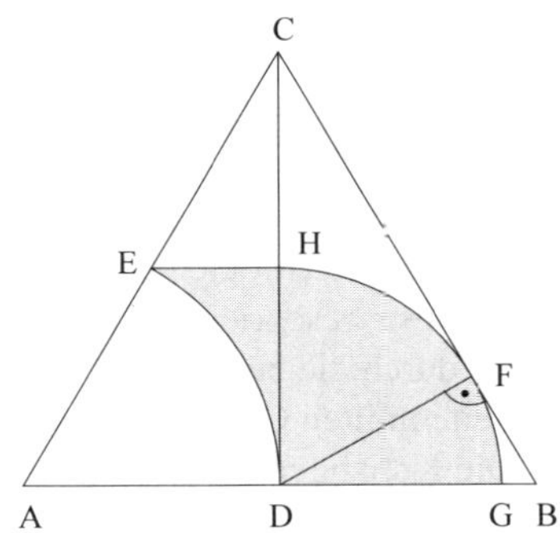

a) Zeige, dass $\overline{DF} = \overline{DH} = \frac{a}{2}\sqrt{3}$ gilt.

b) Der Kreisbogen $\overset{\frown}{DE}$ um A durch die Punkte D und E sowie der Viertelkreisbogen $\overset{\frown}{GH}$ um D begrenzen zusammen mit den Parallelen [DG] und [EH] das farblich schraffierte Flächenstück DGHE.
Berechne den Inhalt dieses Flächenstücks in Abhängigkeit von der Länge a.

36. Drei Kreise mit gleichem Radius r und den Mittelpunkten A, B und C berühren sich gegenseitig. Ihnen ist ein Kreis mit Radius R umbeschrieben (siehe Skizze).

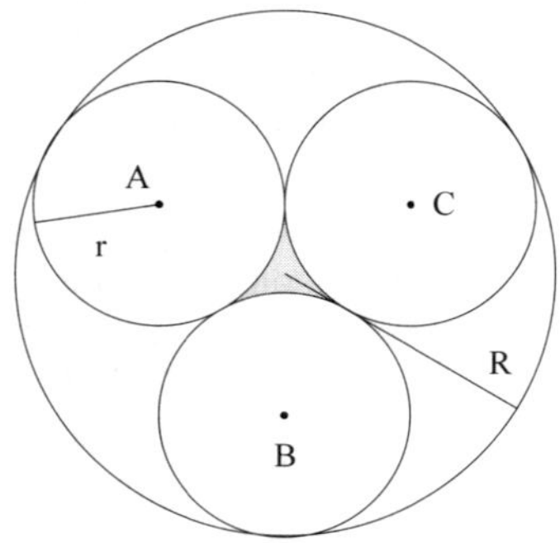

a) Berechne den Inhalt des zwischen den drei kleinen Kreisen liegenden farblich schraffierten Flächenstücks in Abhängigkeit von r.

b) Zeige, dass $R = r \cdot \left(1 + \frac{2\sqrt{3}}{3}\right)$ gilt.

c) Vom großen Kreis (Radius R) werden die drei sichelförmigen Monde abgeschnitten. Berechne den Umfang einer solchen „Sichel".

37. Um die Mittelpunkte M_1 und M_2 der Seiten [AB] und [CD] des Quadrates ABCD mit der Seitenkante a werden Kreisbögen mit gleichem Radius r beschrieben, so dass sie durch die beiden anderen Seitenmitten G und H gehen. Die Kreisbögen schneiden die Verlängerungen der Quadratseiten [AB] und [CD] über A bzw. D hinaus in den Punkten E und F. (siehe Skizze)

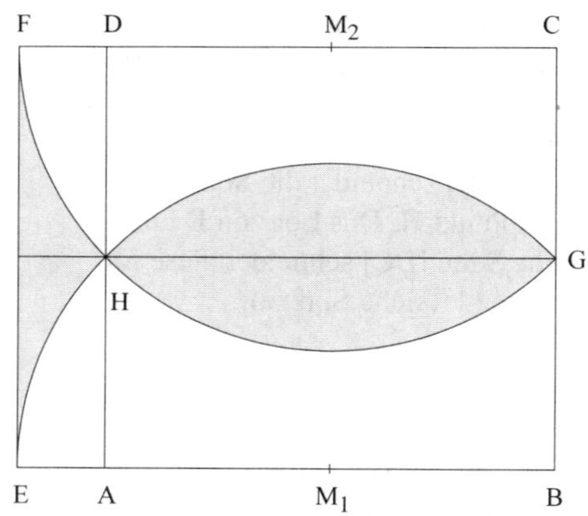

a) Zeige, dass für den Radius r der Kreisbögen gilt: $r = \frac{a}{2}\sqrt{2}$.

b) Berechne den Umfang sowie den Inhalt der farblich schraffierten Fläche in Abhängigkeit von a.

38. Gegeben ist das rechtwinklige Dreieck ABC mit der Hypotenuse [AB], deren Länge 2a und deren Mittelpunkt M ist. Der Winkel CBA hat den Wert 30°. Die zu den Bögen $\overset{\frown}{MC}$ und $\overset{\frown}{BC}$ gehörenden Kreise haben die Mittelpunkte A und M. Der Bogen $\overset{\frown}{BC}$ ist ein Halbkreis (siehe Skizze)

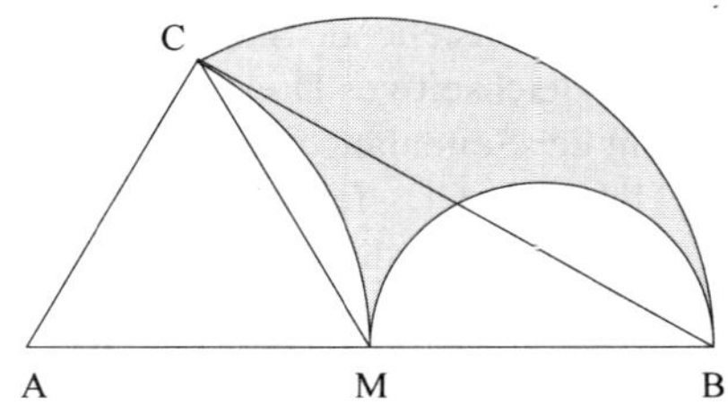

a) Begründe, dass der Winkel BMC den Wert 120° besitzt.

b) Berechne Umfang und Inhalt der farblich schraffierten Figur in Abhängigkeit von der Länge a.

39. Gegeben ist das gleichseitige Dreieck ABC mit der Seitenlänge a = 6 cm. Der Kreisbogen um C hat den Radius $\overline{AC}$. Die Kreisbögen um A und B berühren sich im Mittelpunkt M der Seite [AB] (siehe Skizze).
Berechne Inhalt und Umfang der farblich schraffierten Figur auf zwei Dezimalstellen gerundet.

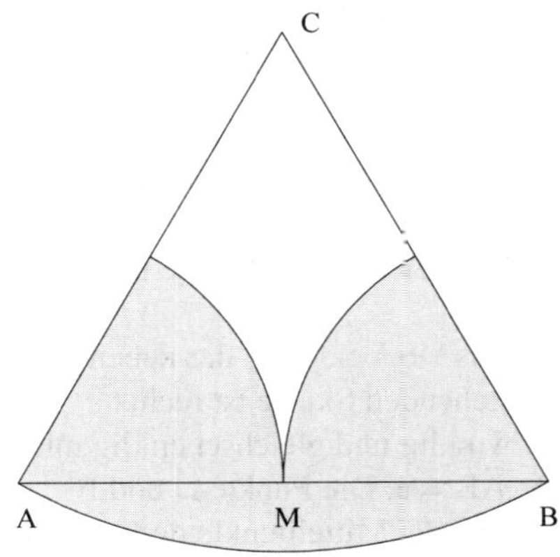

40. Die nebenstehende Skizze zeigt ein gleichseitiges Dreieck ABC mit der Seitenlänge 2a und der Höhe h = $\overline{CD}$, ferner einen Halbkreis mit dem Durchmesser $\overline{AB}$ sowie einen Kreisbogen um C mit dem Radius $\overline{CD}$, der die Dreiecksseiten [AC] und [BC] in den Punkten E bzw. F schneidet.

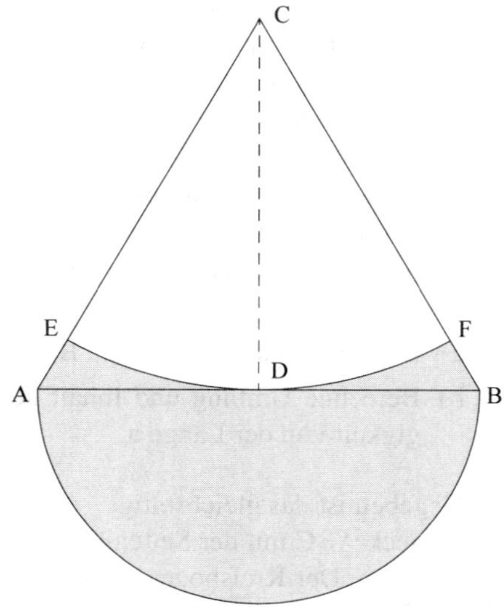

a) Berechne in Abhängigkeit von a die Höhe $\overline{CD}$ und den Flächeninhalt des Dreiecks ABC.

b) Die in der Skizze farblich schraffierte Fläche wird von dem Kreisbogen über [AB] sowie von den Strecken [AE] und [BF] begrenzt.
Zeige durch Berechnung, dass diese farblich schraffierte Fläche inhaltsgleich ist der Fläche des Dreiecks ABC.

41. Das Dreieck ABC der nebenstehenden Skizze ist rechtwinklig und gleichschenklig mit $\overline{AB}$ = a. Die Punkte D und E sind die Mittelpunkte der Seiten [AB] und [BC]. Die Punkte A, B, C und M sind Mittelpunkte der gezeichneten Kreisbögen. Bestimme Flächeninhalt und Umfang der in der Skizze farblich schraffierten Figur.

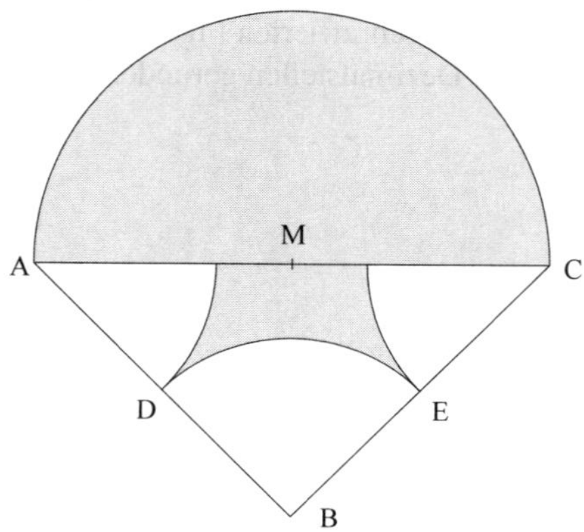

42. In einem gleichseitigen Dreieck ABC mit der Seitenlänge a sind um die Punkte A, B und C Kreisbögen mit dem gleichen Radius gezeichnet, so dass die Figur der nebenstehenden Skizze entsteht. Berechne Inhalt und Umfang der farblich schraffierten Fläche in Abhängigkeit von a.

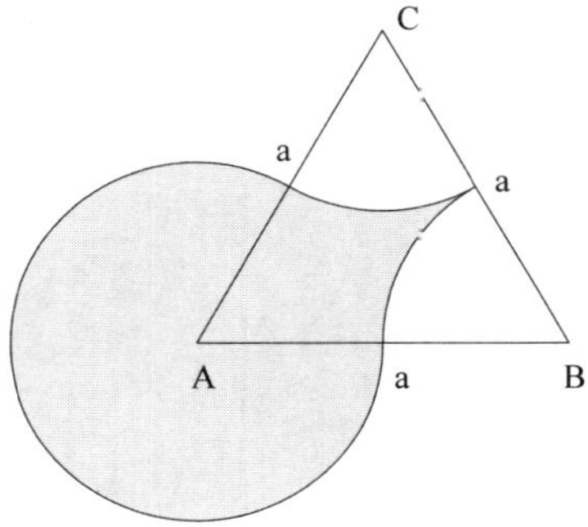

43. In der nebenstehenden Figur gilt $\overline{AB} = a$. M ist der Mittelpunkt der Seite [AB]. Die Flächeninhalte der farblich schraffierten Figuren seien mit A_1 bzw. mit A_2 bezeichnet.

a) Zeige, dass der Flächeninhalt des Halbkreises über [AB] flächengleich ist dem Kreissektor ABC.

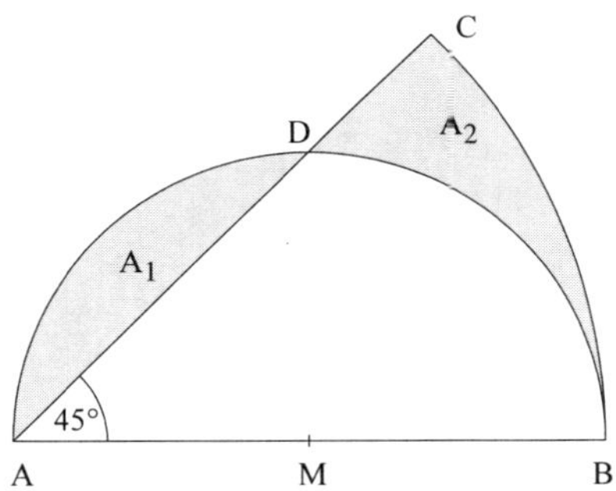

b) Bestimme die Flächeninhalte A_1 und A_2 der farblich schraffierten Figur in Abhängigkeit von a.

c) Bestimme den Umfang der gesamten farblich schraffierten Figur in Abhängigkeit von a.

44. Berechne jeweils den Inhalt der farblich schraffierten Fläche in Abhängigkeit vom Kreisradius r.

a)

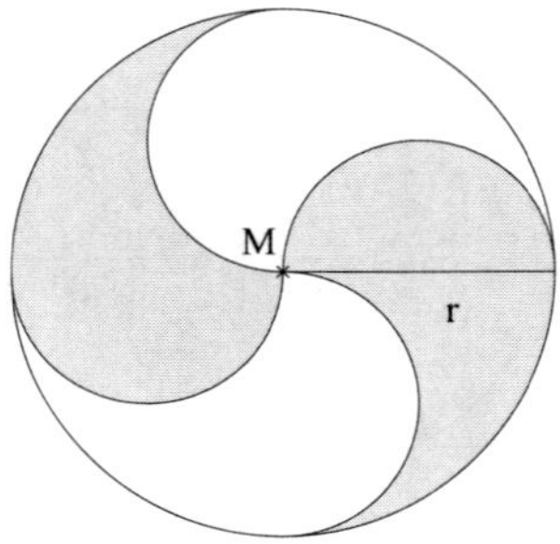

b)

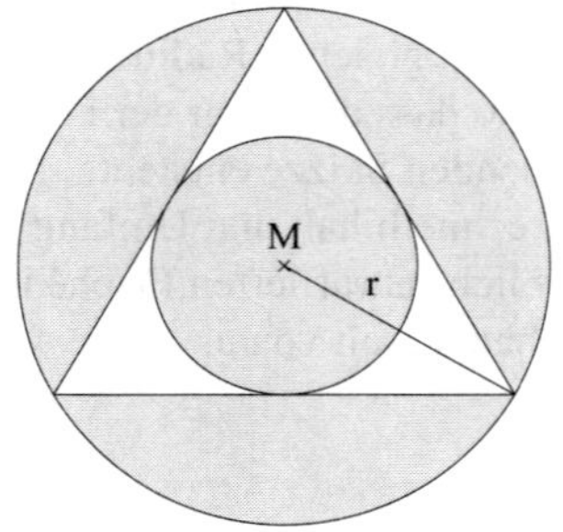

c)

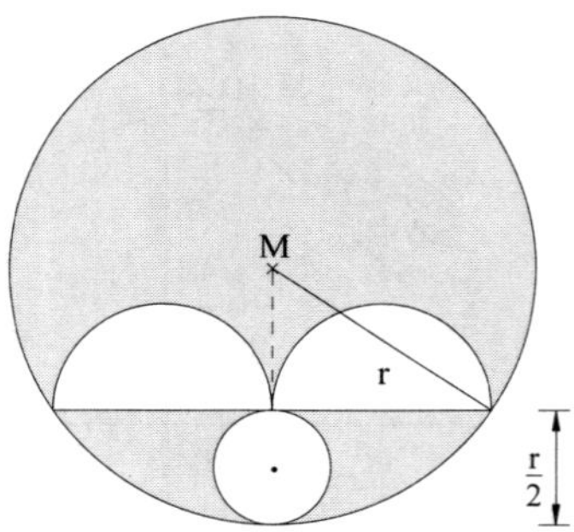

d)

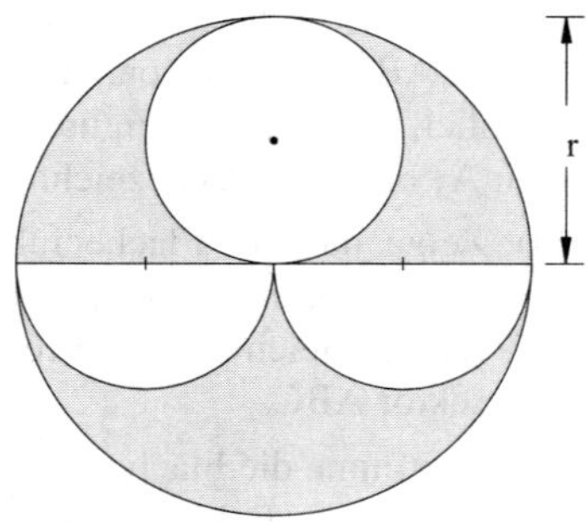

45. Das Dreieck ABC ist rechtwinklig und gleichschenklig (siehe Skizze). Bestimme in Abhängigkeit von der Kathetenlänge a den Flächeninhalt und den Umfang der farblich schraffierten Figur.

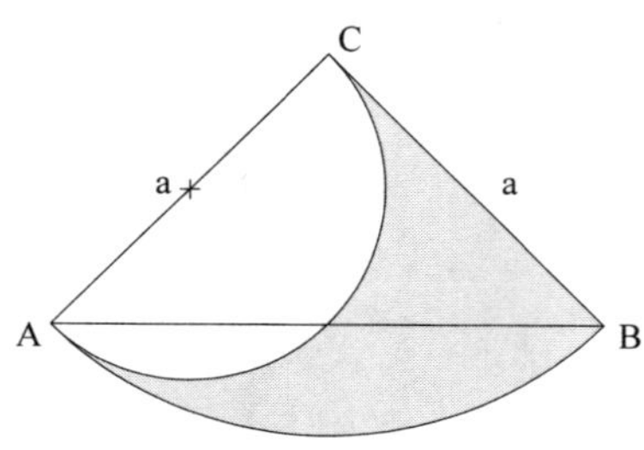

46. ABC ist ein gleichseitiges Dreieck mit der Seitenlänge 2a. D_1, D_2 und D_3 sind die Mitten der jeweiligen Seiten (siehe Skizze).
Berechne in Abhängigkeit von a den Umfang und den Inhalt der farblich schraffierten Fläche.

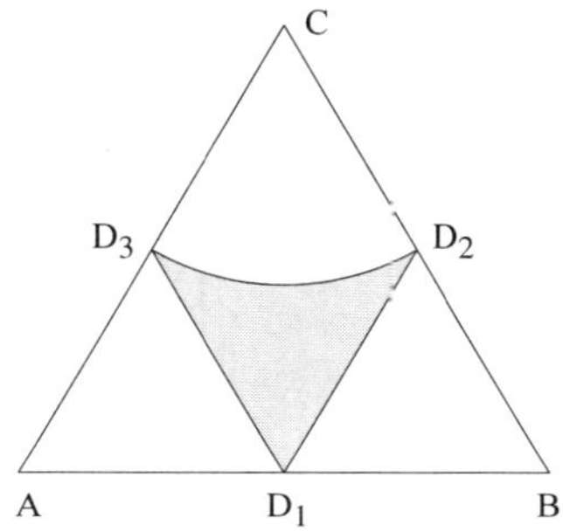

47. Einem Quadrat mit der Kantenlänge a ist die in der nebenstehenden Skizze farbliche schraffierte Figur einbeschrieben.
Berechne in Abhängigkeit von a den Umfang und den Inhalt der farblich schraffierten Fläche.

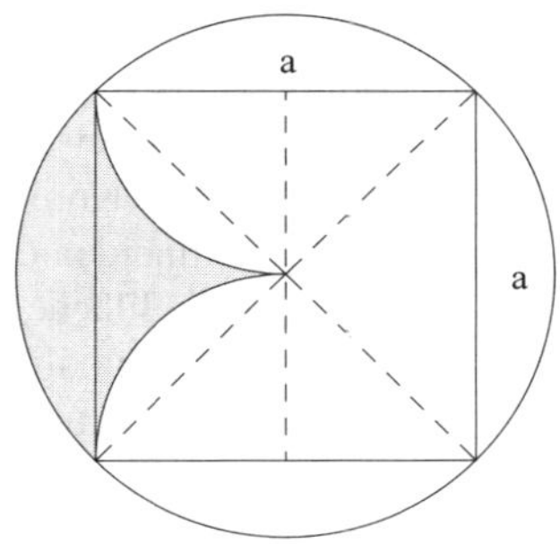

48. ABC ist ein gleichseitiges Dreieck mit der Seitenlänge 2a. M ist die Mitte der Höhe [AD]. Die eingezeichneten Winkel α, β und γ betragen jeweils 120°.
Berechne in Abhängigkeit von a den Inhalt und den Umfang der farblich schraffierten Fläche.

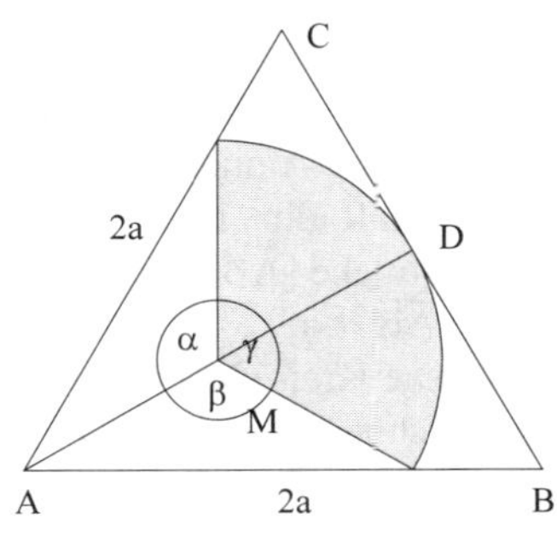

49. Gegeben ist ein Quadrat mit der Seitenlänge a. M ist der Mittelpunkt einer Diagonalen (siehe Skizze).
Zeige, dass die beiden schraffierten Flächen inhaltsgleich sind.

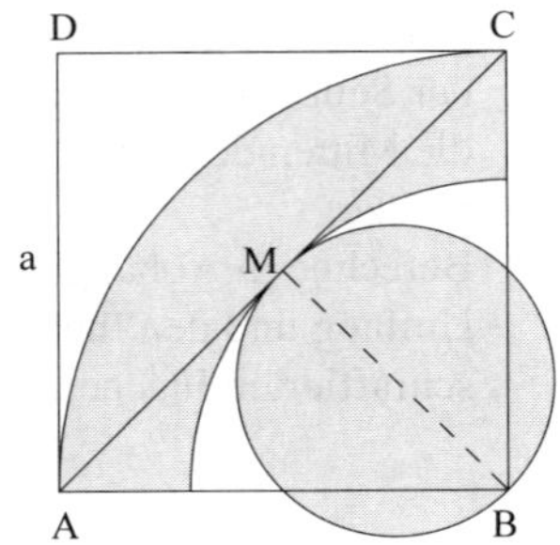

50. a) Ein Quadrat ABCD mit der Seitenkante a ist einem Kreis um M mit Radius r einbeschrieben. Um A und C sind Viertelkreise so gezeichnet, dass beide den Kreis in den Punkten B und D schneiden (siehe Skizze).
Berechne die Flächeninhalte A_1 und A_2 der unterschiedlich gefärbten Flächen in Abhängigkeit von a.

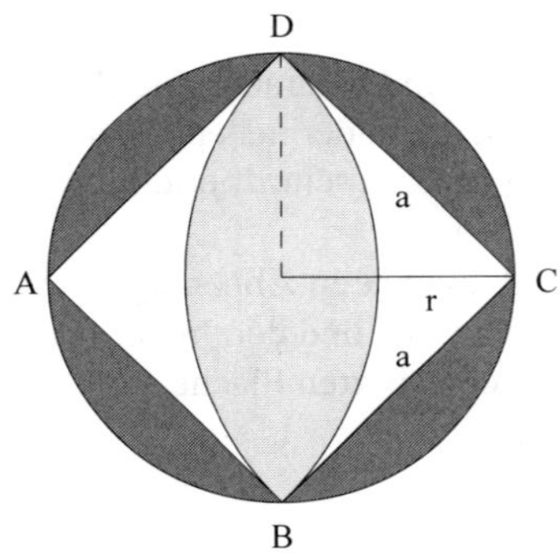

b) Die Kreise k_1 (A; a) und k_2 (B; a) haben die Mittelpunkte A und B und jeweils den Radius a. Die Länge der Strecke [AB] beträgt $\overline{AB} = a$.
Die Kreise k_1 und k_2 schneiden den Kreis k_3 (C; r) um C mit Radius r in den Punkten P und Q.

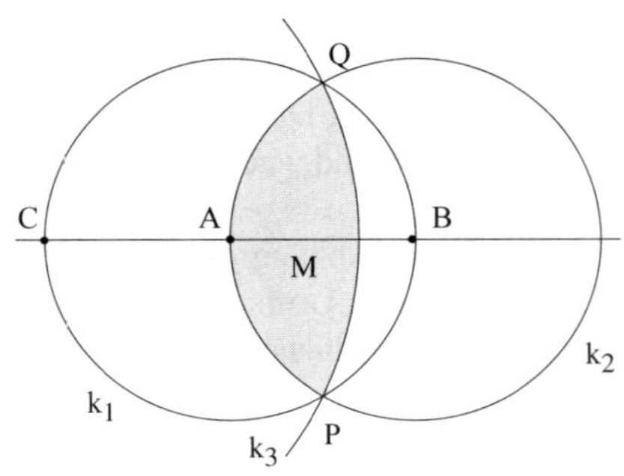

Zeige, dass $r = a\sqrt{3}$ gilt und berechne den Umfang und den Inhalt der farblich schraffierten Figur in Abhängigkeit von a.

Raumgeometrie: Körper mit gekrümmten Flächen

Diese erhabene Raumform wirkt nicht nur durch die Gliederung der Fassade, sondern hauptsächlich durch die gekrümmten Flächen und durch die mächtige halbkugelförmige Kuppel mit der aufgesetzten zylinderförmigen „Laterne“.

3 Gerader Kreiszylinder

3.1 Entstehung und Eigenschaften

Rotiert ein Viereck ABCD um eine Seite als Drehachse, so entsteht ein **gerader Kreiszylinder**. Die Gerade AD heißt **Zylinderachse**, die Seite [BC], die während der Drehung den **Zylindermantel M** beschreibt, **Mantellinie m**. Die Länge der Mantellinie heißt auch **Höhe h** des Zylinders. Die Seiten [AB] und [DC] beschreiben die **Grundflächen** (Grund- und Deckfläche) des Zylinders.

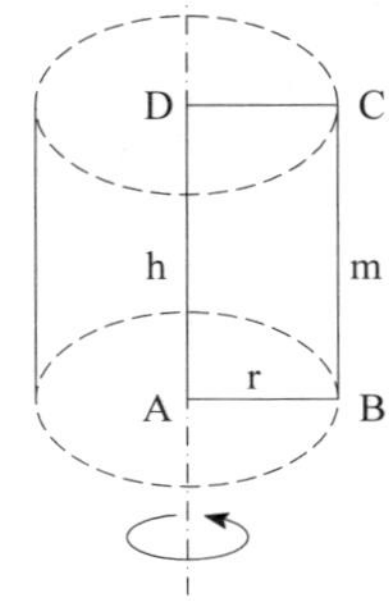

Für alle geraden Kreiszylinder gilt:
1. Alle Punkte der Mantelfläche haben von der Zylinderachse den Abstand r.
2. Jede Ebene durch zwei Mantellinien schneidet aus dem Zylinder ein Rechteck aus.
3. Jede Lotebene zur Zylinderachse schneidet die Mantelfläche in einem zu den Grundflächen kongruenten Kreis.

Anmerkung: Allgemeine Erzeugung eines Zylinders: Eine Gerade bewegt sich unter Beibehaltung ihrer Richtung auf einer Leitkurve. Es entsteht eine **zylindrische Fläche**, die unbegrenzt ist.

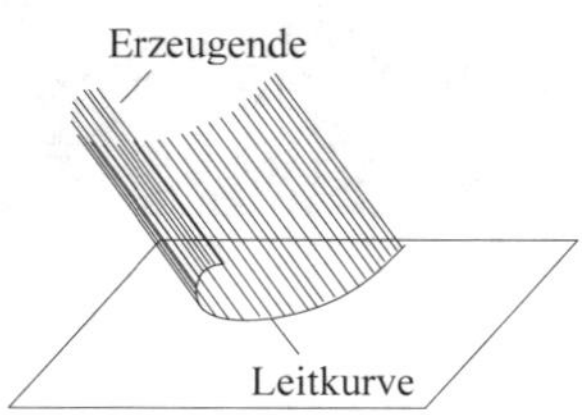

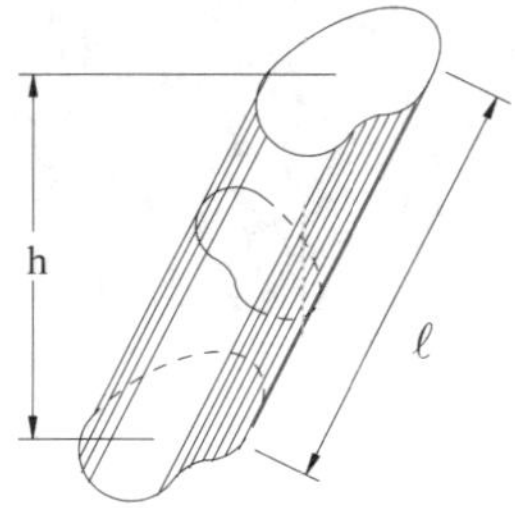

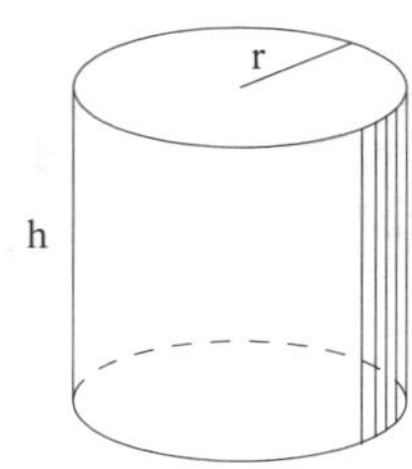

Falls die Leitkurve ein Kreis ist und die Gerade nicht in der Leitkreisebene liegt, entsteht eine **Kreiszylinderfläche**, aus der zwei zur Leitkreisebene parallele Ebenen einen **Kreiszylinder** ausschneiden. Dieser Kreiszylinder heißt **gerader Kreiszylinder**, wenn die erzeugenden Geraden auf der Leitkreisebene senkrecht stehen.

Da nur gerade Kreiszylinder betrachtet werden, wird dieser im Folgenden auch kurz Zylinder genannt. Ein Zylinder, dessen Projektion in die Aufrissebene ein Quadrat ist, heißt **gleichseitiger Zylinder**.

3.2 Oberfläche

Schneidet man einen geraden Kreiszylinder längs der Grundflächenkreise sowie einer Mantellinie auf, so kann die Oberfläche in die Ebene ausgebreitet werden.
Die Mantelfläche ist ein Rechteck, dessen eine Seite der Umfang $u = 2r\pi$ des Grundkreises ist. Die andere Seite ist die Höhe h des Zylinders.

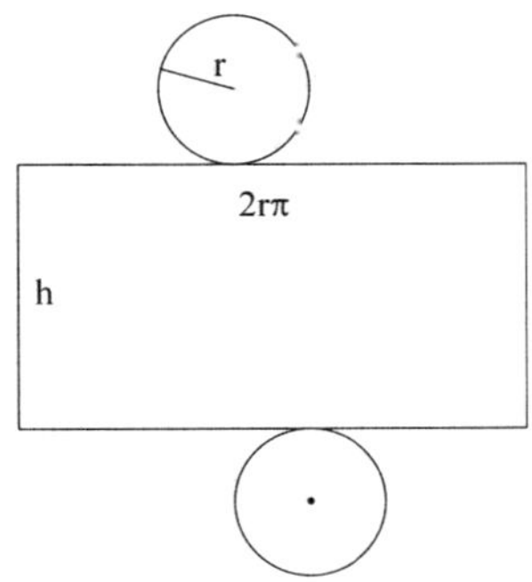

Daraus ergibt sich die

Mantelfläche des Zylinders

$M_Z = 2r\pi h$

Addiert man zur Mantelfläche noch die beiden Grundkreisflächen $2 \cdot r^2\pi$, so erhält man die

Oberfläche des Zylinders

$O_Z = 2r^2\pi + 2r\pi h = 2r\pi\,(r + h)$

3.3 Volumen

Der gerade Kreiszylinder ist der „Grenzfall“ des Prismas, d. h. man kann sich ihn (siehe Annäherung der Kreisfläche durch Vielecke) als ein Prisma mit einem Kreis als Grundfläche vorstellen. Da für das Prismenvolumen $V = G \cdot h$ gilt, folgt für das

Volumen des Zylinders

$V_Z = G \cdot h = r^2 \pi h$

Beispiele:

1. Berechne Volumen und Oberfläche eines geraden Kreiszylinders mit $r = 6$ cm und $h = 5$ cm.

   Lösung:
   $V = r^2 \pi h = 6^2 \pi \cdot 5 \text{ cm}^3 = 180\pi \text{ cm}^3 \approx 565{,}49 \text{ cm}^2$
   $O = 2r^2 \pi + 2r\pi h = (2 \cdot 6^2 \pi + 2 \cdot 6\pi \cdot 5) \text{ cm}^2 = 132\pi \text{ cm}^2 \approx 414{,}69 \text{ cm}^2$

2. Von einem geraden Kreiszylinder kennt man seine Mantelfläche $M = 100 \text{ cm}^2$ und sein Volumen $V = 330 \text{ cm}^3$.
   Bestimme Radius r und Höhe h des Zylinders.

   Lösung:

   $M = 2r\pi h = 120 \text{ cm}^2; \quad V = r^2 \pi h = 330 \text{ cm}^3$

   $\frac{V}{M} = \frac{r^2 \pi h}{2r\pi h} = \frac{r}{2} = \frac{330}{120} \text{ cm} = 2{,}75 \text{ cm} \Rightarrow r = 5{,}5 \text{ cm}$

   $M = 2r\pi h \Rightarrow h = \frac{M}{2r\pi} = \frac{120}{11\pi} \text{ cm} \approx 3{,}47 \text{ cm}$

3. Ein Rechteck, in dem die Seite a doppelt so groß ist wie die Seite b, rotiert zuerst um die Seite a (Volumen V_1, Oberfläche O_1) und dann um die Seite b (V_2, O_2). Zeige, dass die Volumina und die Oberflächen der beiden Rotationskörper jeweils im gleichen Verhältnis stehen.

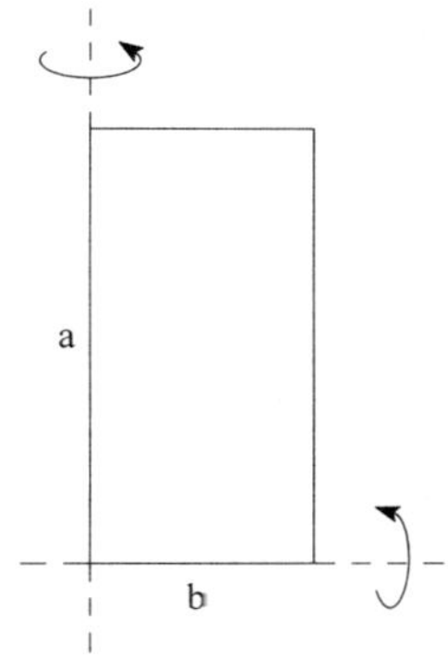

Lösung:

1. Zylinder: $r_1 = b;\; h_1 = a = 2b$

$$V_1 = r^2\pi h = b^2\pi \cdot 2b = 2b^3\pi$$

$$O_1 = 2r^2\pi + 2r\pi h = 2b^2\pi + 2b\pi \cdot 2b = 6b^2\pi$$

2. Zylinder: $r_2 = a = 2b;\; h_2 = b$

$$V_2 = r^2\pi h = (2b)^2\pi \cdot b = 4b^3\pi$$

$$O_2 = 2r^2\pi + 2r\pi h = 2 \cdot 4b^2\pi + 2 \cdot 2b\pi \cdot b = 12b^2\pi$$

$$\frac{V_1}{V_2} = \frac{2b^3\pi}{4b^3\pi} = \frac{1}{2}$$

$$\frac{O_1}{O_2} = \frac{6b^2\pi}{12b^2\pi} = \frac{1}{2}$$

Beide Verhältnisse haben den gleichen Wert.

Aufgaben

51. Wie verändert sich das Volumen eines Zylinders, wenn

a) bei gleicher Höhe der Radius verdoppelt wird,

b) bei gleichem Radius die Höhe verdoppelt wird,

c) Radius und Höhe verdoppelt werden,

d) der Radius verdoppelt und die Höhe halbiert wird,

e) der Radius halbiert und die Höhe verdoppelt wird,

f) Radius und Höhe halbiert werden?

52. Ein Zylinder hat ein Volumen $V = 500\pi\ cm^3$. Seine Höhe beträgt $h = 4r$. Berechne die Oberfläche des Zylinders.

53. Eine Litfaßsäule ist 3 m hoch und hat einen Durchmesser von 1,5 m. Wie groß ist die Fläche, die mit Plakaten beklebt werden kann?

54. Eine zylindrische Regentonne mit einem Innendurchmesser von 0,8 m soll 5 *hl* Wasser fassen. Wie hoch muss sie sein?

55. Berechne das Materialvolumen einer Röhre mit dem Außendurchmesser 45,4 m, dem Innendurchmesser 43,6 m und der Länge 3,85 m.

56. a) Ein Rechteck mit den Seiten a und b rotiert zuerst um a und dann um b. In welchem Verhältnis stehen die Seiten a und b, wenn das Volumen V_1 des ersten Drehkörpers dreimal so groß ist wie das Volumen V_2 des zweiten? Berechne dann für b = 3a die beiden Oberflächen und deren Verhältnis.

b) Die nebenstehende Figur rotiere um die gestrichelte Achse. Bestimme Volumen und Oberfläche des entstehenden Drehkörpers in Abhängigkeit von a.

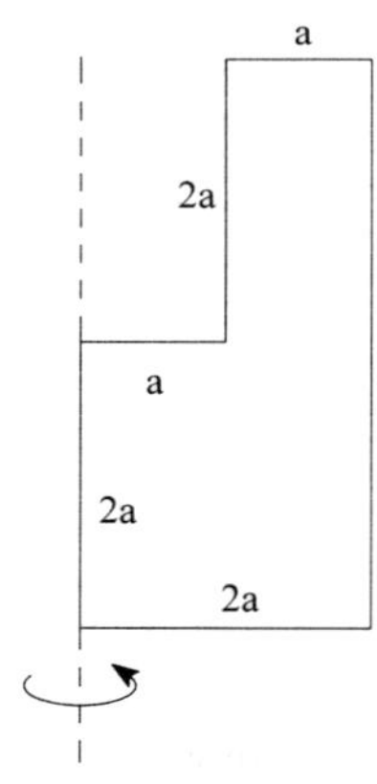

4 Gerader Kreiskegel

4.1 Entstehung und Eigenschaften

Rotiert ein rechtwinkliges Dreieck ABC um eine seiner Katheten als Drehachse, so entsteht ein **gerader Kreiskegel**. Die Hypotenuse, die während der Drehung den **Kegelmantel M** bildet, heißt **Mantellinie s**. Die andere Kathete beschreibt die kreisförmige **Grundfläche G**. Alle Mantellinien treffen sich in der **Spitze S** des Kegels. Der Abstand der Spitze von der Grundfläche heißt **Höhe h** des Kegels.

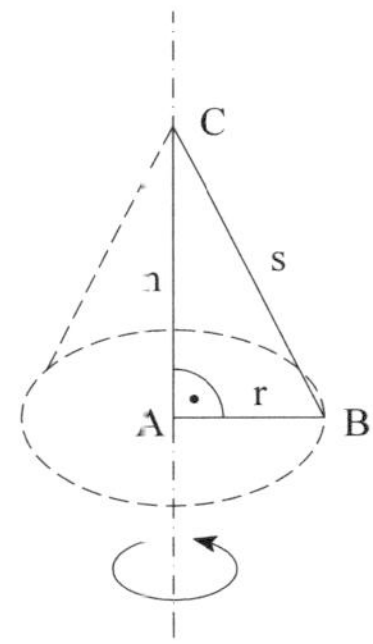

Für alle Kreiskegel gilt:

1. Mantellinie s, Höhe h und Grundkreisradius r sind über dem Satz des Pythagoras miteinander verknüpft. Es gilt: $r^2 + h^2 = s^2$.
2. Jede Lotebene zur Kegelachse zwischen der Spitze S und der Grundfläche G schneidet den Kegelmantel in einer Kreislinie. Die Radien von Schnittkreis und Grundfläche verhalten sich so wie ihre Abstände von der Spitze.

Anmerkung: Allgemeine Erzeugung eines Kegels: Eine Gerade wird im Raum so bewegt, dass einer ihrer Punkte fest bleibt und ein weiterer Punkt sich auf einer Leitkurve bewegt. Es entsteht eine unbegrenzte **Kegelfläche**.

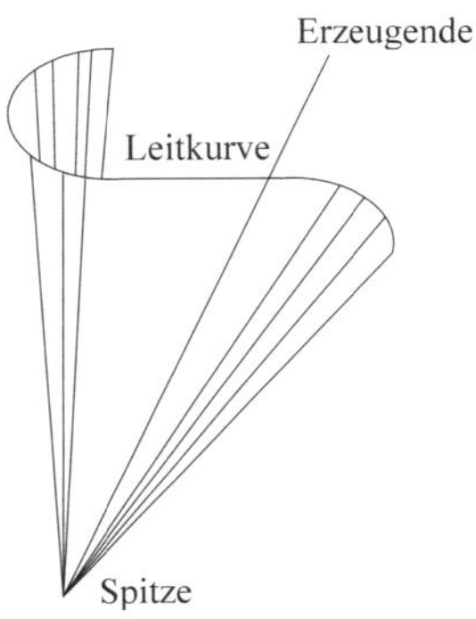

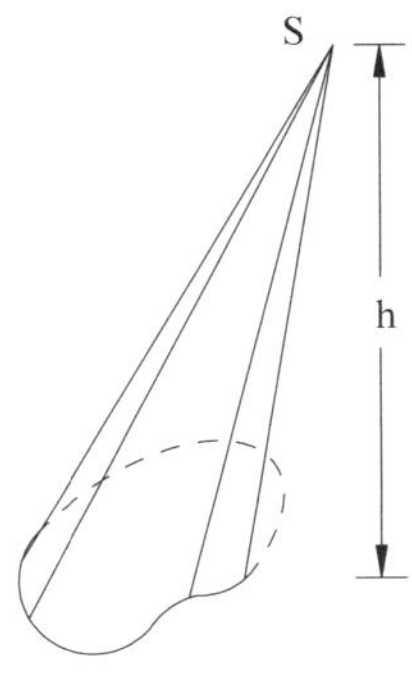

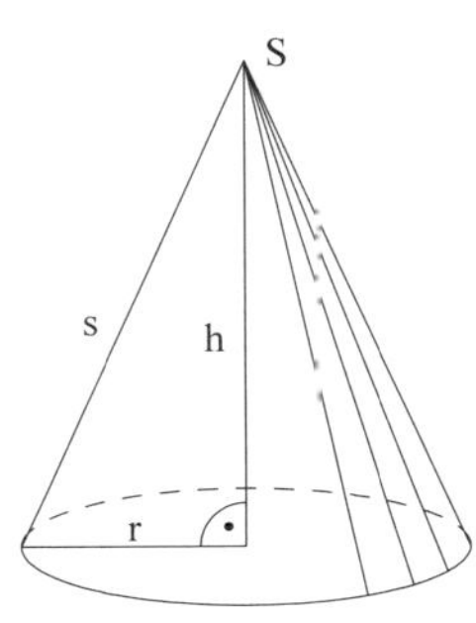

Falls die Leitkurve ein Kreis ist und die Gerade nicht in der Leitkreisebene liegt, entsteht eine **Kreiskegelfläche**. Der feste Punkt S, der nicht auf dem Leitkreis liegt, heißt Spitze S des Kegels. Eine zum Leitkreis parallele Ebene schneidet aus der Kreiskegelfläche einen **Kreiskegel** mit der Spitze S aus. Dieser Kreiskegel heißt **gerader Kreiskegel**, wenn die Verbindungslinie von der Spitze S zum Mittelpunkt des Leitkreises auf diesem senkrecht steht.

Da nur gerade Kreiskegel betrachtet werden, wird dieser im Folgenden auch kurz Kegel genannt. Ein Kegel, dessen Projektion in die Aufrissebene ein gleichseitiges Dreieck ist, heißt **gleichseitiger Kegel**.

4.2 Oberfläche

Schneidet man einen geraden Kreiskegel längst des Grundflächenkreises sowie einer Mantellinie auf, so kann die Oberfläche in die Ebene ausgebreitet werden.
Die Mantelfläche ist ein Kreissektor, dessen Radius R die Mantellinie s ist und dessen Bogenlänge b mit dem Umfang $u = 2r\pi$ des Grundkreises übereinstimmt. Daraus ergibt sich die

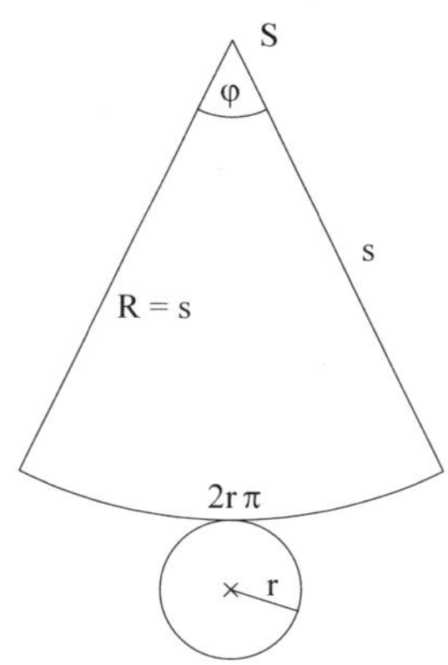

Mantelfläche des Kegels

$$M_{Ke} = \frac{b \cdot R}{2} = \frac{2r\pi \cdot s}{2} = r\pi s$$

Addiert man zur Mantelfläche noch die Grundfläche $r^2\pi$, so erhält man die

Oberfläche des Kegels

$$O_{Ke} = r^2\pi + r\pi s = r\pi\,(r + s)$$

4.3 Volumen

Der Kreiskegel ist der „Grenzfall" der Pyramide, d. h. man kann sich ihn (siehe Annäherung des Kreises durch reguläre Vielecke) als Pyramide mit einem Kreis als Grundfläche vorstellen. Da für das Volumen der Pyramide $V = \frac{1}{3} G \cdot h$ gilt, folgt für das

Volumen des Kegels

$V_{Ke} = \frac{1}{3} G \cdot h = \frac{1}{3} r^2 \pi h$

Beispiele:

1. Berechne Volumen und Oberfläche eines geraden Kreiskegels mit $r = 3$ cm und $h = 4$ cm.

   Lösung:

   $s^2 = h^2 + r^2 = 16 + 9 = 25 \Rightarrow s = 5$ cm

   $V = \frac{1}{3} G \cdot h = \frac{1}{3} r^2 \pi h = \frac{1}{3} \cdot 3^2 \pi \cdot 4 \text{ cm}^3 = 12\pi \text{ cm}^3 \approx 37{,}70 \text{ cm}^3$

   $O = r^2 \pi + r \pi s = 3^2 \pi + 3\pi \cdot 5 = 24\pi \text{ cm}^2 \approx 75{,}40 \text{ cm}^2$

2. Von einem geraden Kreiskegel kennt man die Mantelfläche $M = 120 \text{ cm}^2$ und die Oberfläche $O = 150 \text{ cm}^2$.
   Bestimme den Radius r, die Höhe h sowie das Volumen V des Kegels.

   Lösung:

   Wegen $O = M + G \Rightarrow G = O - M = r^2 \pi = 30 \text{ cm}^2 \Rightarrow$

   $r = \sqrt{\frac{30}{\pi}} \text{ cm} \approx 3{,}09 \text{ cm}$

   Wegen $M = r \pi s = 120 \text{ cm}^2 \Rightarrow s = \frac{120}{r\pi} = \frac{120}{3{,}09 \cdot \pi} \text{ cm} \approx 12{,}36 \text{ cm}$

   Wegen $s^2 = r^2 + h^2 \Rightarrow$

   $h = \sqrt{s^2 - r^2} = \sqrt{12{,}36^2 - 3{,}09^2} \text{ cm} \approx 11{,}97 \text{ cm}$

   $V = \frac{1}{3} G \cdot h = \frac{1}{3} r^2 \pi \cdot h = \frac{1}{3} \cdot 3{,}09^2 \pi \cdot 11{,}97 \text{ cm}^3 = 119{,}69 \text{ cm}^3$

3. Einem Kegel ist ein Zylinder so einbeschrieben (siehe Skizze), dass er die Höhe des Kegels halbiert.
Berechne das Verhältnis der Volumina der beiden Körper.

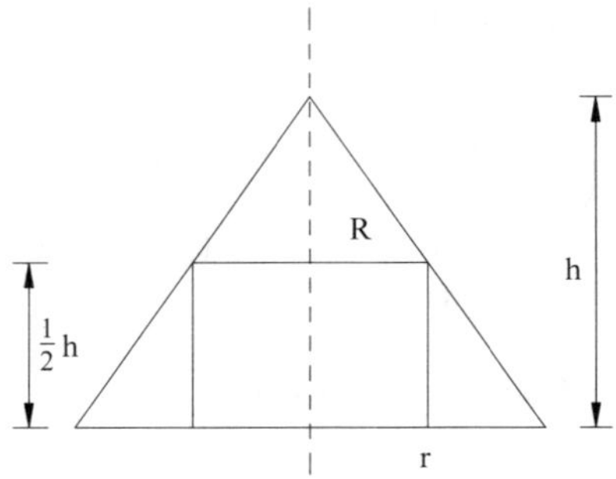

Lösung:
Aus den Gesetzen der zentrischen Streckung folgt:

$$R : r = \frac{1}{2}h : h \Rightarrow R = \frac{1}{2}r$$

$$V_{Ke} = \frac{1}{3}r^2\pi h$$

$$V_Z = R^2\pi \cdot \frac{1}{2}h = \frac{1}{4}r^2\pi \cdot \frac{1}{2}h = \frac{1}{8}r^2\pi h$$

$$\frac{V_{Ke}}{V_Z} = \frac{\frac{1}{3}r^2\pi h}{\frac{1}{8}r^2\pi h} = \frac{8}{3}, \text{ d. h. } V_{Ke} : V_Z = 8 : 3$$

Aufgaben

57. Ein rechtwinkliges Dreieck mit einem 30°-Winkel rotiert nacheinander um seine drei Seiten. Wie verhalten sich die Volumina der entstehenden Körper?

58. a) Der in die Ebene abgerollte Mantel eines Kegels ist ein Halbkreis. Welcher spezielle Kegel liegt vor?

b) Welche Form hat die in die Ebene abgerollte Mantelfläche eines gleichseitigen Kegels?

59. Herstellung eines Kegels aus Papier: Aus einem Kreis mit Radius R wird ein Sektor mit dem Winkel $\varphi = 216°$ herausgeschnitten und zu einem Kegel aufgerollt. Gib in Abhängigkeit von R die Mantelfläche des Kegels und sein Volumen an.

60. a) Das Volumen eines Kegels, dessen Mantel $\frac{5}{4}$-mal so groß ist wie die Grundfläche beträgt $128\pi\ cm^3$.
Berechne die Oberfläche des Kegels.

b) Der Mantel M eines Kegels ist doppelt so groß wie die Grundfläche G.
Berechne in Abhängigkeit vom Grundkreisradius r die Mantellinie s, die Höhe h, das Volumen V und die Oberfläche O des Kegels.
Wie heißt ein solcher Kegel?

61. Bei einem Kegel mit dem Grundkreisradius r = 6,4 cm ist die Oberfläche 1,8-mal so groß wie die Mantelfläche.

a) Berechne die Mantellinie s, die Höhe h sowie das Volumen des Kegels.

b) Bestimme den Mittelpunktswinkel φ, den der Sektor besitzt, der den Kegelmantel ergibt.

62. Die in der Skizze farblich schraffierten Fläche rotiere um die Achse g.
Bestimme das Volumen und die Oberfläche des Rotationskörpers in Abhängigkeit von der Seitenlänge a des Quadrats.

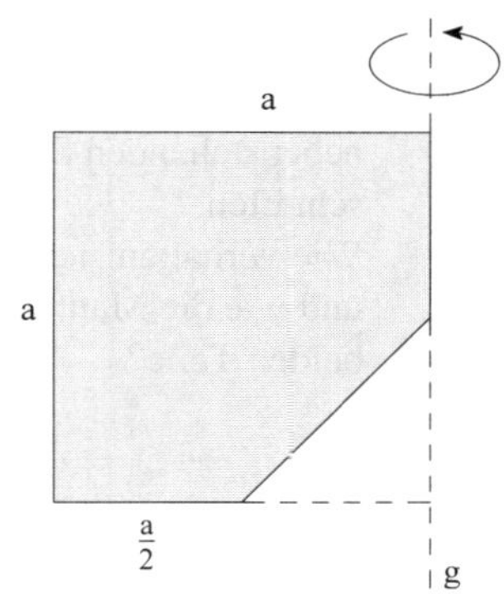

63. a) Ein gleichseitiger Kegel und ein gleichseitiger Zylinder haben den gleichen Grundkreisradius r. In welchem Verhältnis stehen die Oberflächen, in welchem die Volumina der beiden Körper?

b) Ein gleichseitiger Kegel und ein gleichseitiger Zylinder haben gleiche Höhen h. Wie verhalten sich die Oberflächen und wie die Volumina der beiden Körper?

64. Aus einem massiven geraden Kreiskegel wird längs seiner Symmetrieachse (siehe Skizze) ein Zylinder einschließlich Kegelspitze herausgebohrt.
Es gelte: $R = 2r$ und $h = 3r$.
Bestimme in Abhängigkeit vom Grundkreisradius r das Volumen und die Oberfläche des Restkörpers.

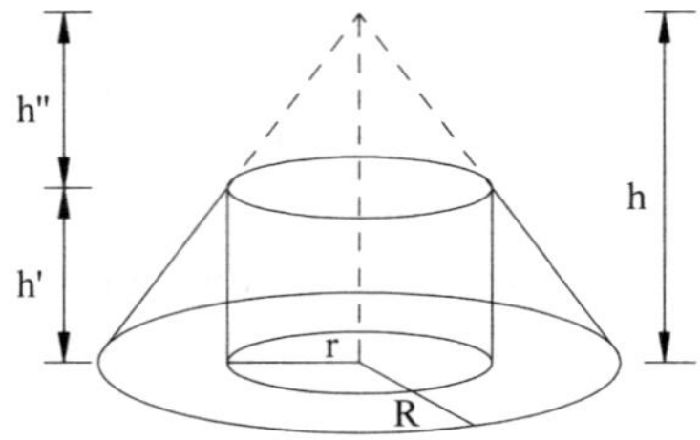

65. a) Ein beliebiger gerader Kreiskegel wird durch eine zur Grundfläche parallele Ebene, die die Höhe halbiert, geteilt.
Wie verhalten sich die Mantelflächen und wie die Volumina der beiden Teile?

b) Ein Kegel wird von einer Parallelebene zur Grundfläche wie in der nebenstehenden Skizze geschnitten.
Wie verhalten sich die Volumina und wie die Mantelflächen der beiden Teile?

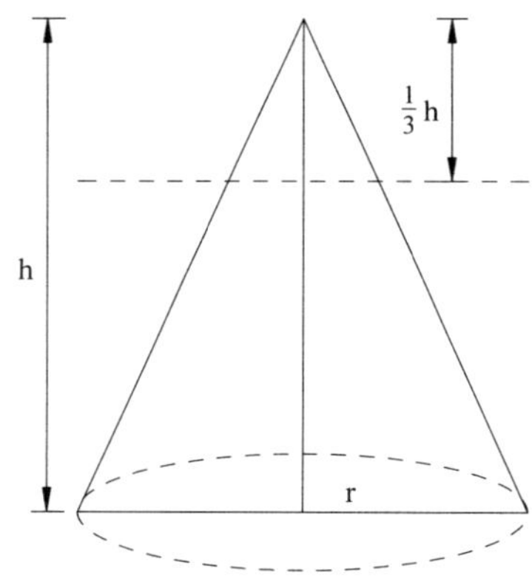

66. Die Figur in der nebenstehenden Skizze lässt als Schnitt durch einen gleichseitigen Zylinder ($h = 2r$) oder durch einen Doppelkegel mit den Spitzen B und D ($s = 2r$) auffassen.
Berechne die Oberflächen der beiden Körper in Abhängigkeit von r.

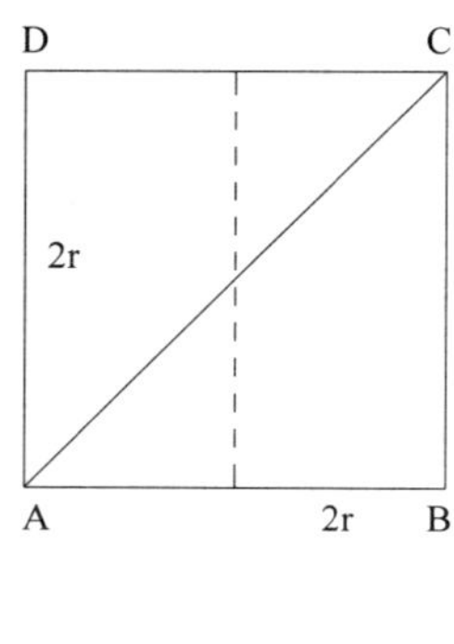

67. Aus einem gefüllten kegelförmigen Trichter mit Radius 3r und der Höhe 2r läuft Wasser in einen zylindrischen Becher mit Radius r.
Wie hoch steht in Abhängigkeit von r in diesem die Flüssigkeit?

68. Ein Kegel (Radius 2r) und ein Zylinder (Radius r, Höhe 3r) haben gleich große Mantelflächen. Wie verhalten sich die Volumina der beiden Körper?

69. Das Viereck ABCD der nebenstehenden Skizze rotiert um die Gerade AD.
Berechne auf 2 Dezimalstellen genau das Volumen und die Oberfläche des entstehenden Rotationskörpers.

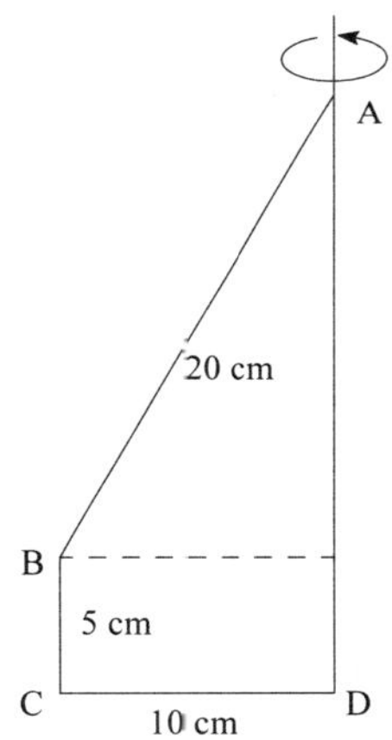

70. Ein Zylinder mit dem Grundkreisradius r und der Höhe h sowie ein Kegel haben den gleichen Grundkreis. Die Mantelflächen der beiden Körper sind gleich.

a) Berechne die Mantellinie des Kegels in Abhängigkeit von r.

b) Wie groß ist der Mittelpunktswinkel φ des aufgerollten Kegelmantels im Grad- und im Bogenmaß?

c) Wie verhält sich das Volumen des Zylinders zum Volumen des Kegels?

5 Kugel

5.1 Entstehung und Eigenschaften

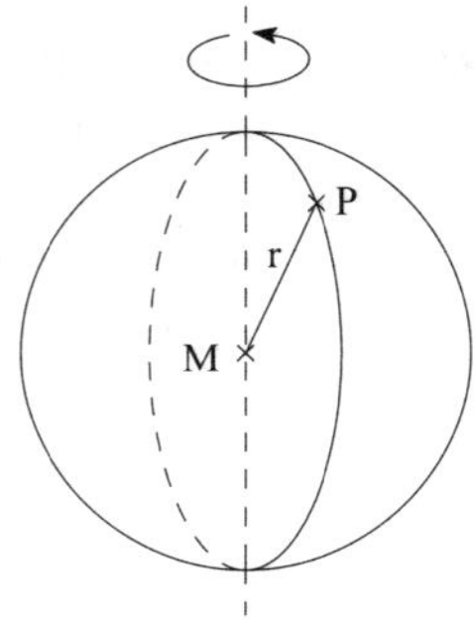

Rotiert ein Kreis (Halbkreis) um seinen Durchmesser, so beschreibt der Kreisumfang (Halbkreisbogen) eine **Kugel K** (besser **Kugelfläche K**).
Die Kugel(fläche) ist die Menge der Punkte des Raumes, die von einem festen Punkt M die Entfernung r besitzen.
$K = \{P \mid \overline{PM} = r\}$ (Vollkugel: $K = \{P \mid \overline{PM} \leq r\}$

Für alle Kugeln gilt:

1. Da nur jeweils zwei Punkte der Kugelfläche auf einer Geraden liegen, enthält die Kugeloberfläche keine Strecken, d. h. sie kann nicht in die Ebene ausgebreitet werden.
2. Jede Ebene, deren Abstand vom Kugelmittelpunkt kleiner als r ist, schneidet die Kugelfläche in einem Kreis.
   Enthält die Schnittebene den Mittelpunkt M, so heißt der Schnittkreis auch **Großkreis**. Alle Ebenen, die den Abstand d ($d < r$) vom Kugelmittelpunkt besitzen, schneiden die Kugel in kongruenten Kreisen.

5.2 Volumen

Zur Bestimmung des Kugelvolumens verwenden wir das cavalierische Prinzip, das mit den folgenden Bildern zum Zylinder- bzw. zum Kegelvolumen wiederholt wird.

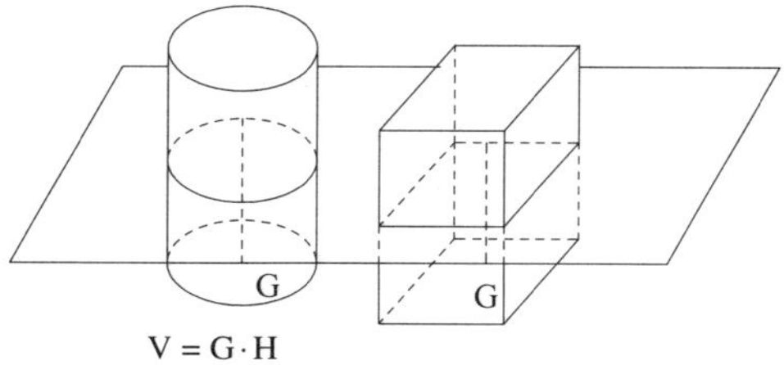

$V = G \cdot H$

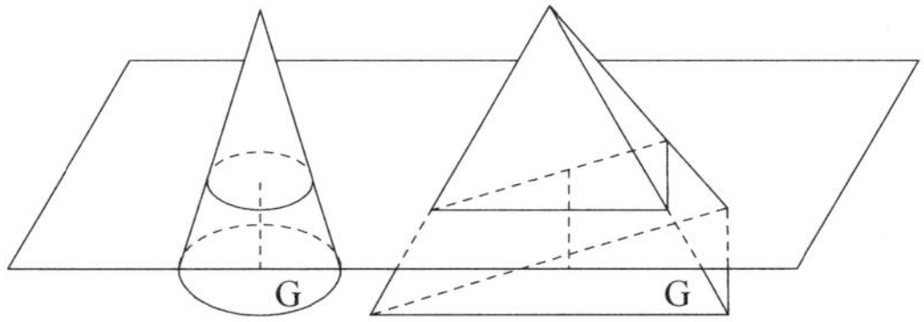

$$V = \frac{1}{3} \cdot G \cdot h$$

Cavalierisches Prinzip: Zwei Körper mit gleicher Grundfläche und gleicher Höhe sind volumengleich, wenn sie auf einer Ebene stehen und von jeder Parallelebene in gleich großen Flächen geschnitten werden.

Es stellt sich heraus, dass die Kugel einem Körper volumengleich ist, der dadurch entsteht, dass man aus einem gleichseitigen Zylinder mit Radius r und Höhe h = 2r einen Doppelkegel mit Radius r und Spitze in M herausnimmt.

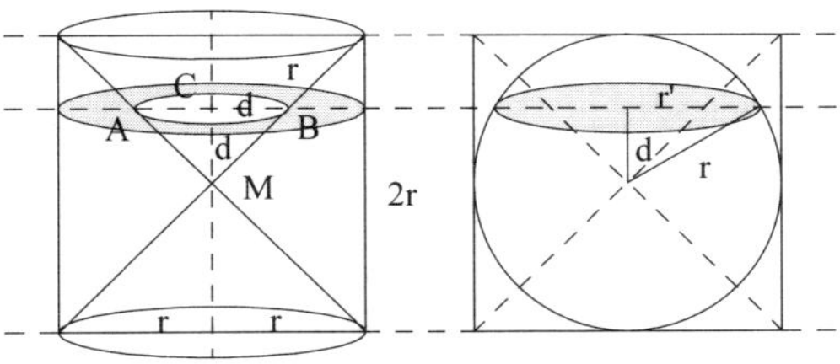

Eine Ebene im Abstand d schneidet den beschriebenen Körper in einem Kreisring, die Kugel in einem Kreis.

Wegen $\sphericalangle CMB = \sphericalangle MBC = 45°$ $\Rightarrow$ $\overline{CB} = d$

$A_{Ring} = r^2\pi - d^2\pi = (r^2 - d^2)\pi$

$A_{Kreis} = r'^2\pi = (r^2 - d^2)\pi$

$\Rightarrow A_{Ring} = A_{Kreis}$

$\Rightarrow$ Das cavalierische Prinzip ist anwendbar.

$V_{Ku} = V_Z - V_{DKe} = r^2\pi \cdot 2r - 2 \cdot \frac{1}{3} r^2\pi \cdot r = 2r^3 - \frac{2}{3} r^2\pi = \frac{4}{3} r^3\pi$

Volumen der Kugel

$V_{Ku} = \frac{4}{3} r^3\pi$

5.3 Oberfläche

Da es nur fünf reguläre Körper gibt, ist eine Annäherung durch Ein- oder Umbeschreiben mit regulären Körpern nicht möglich.

Es wird folgende Überlegung angestellt: Eine Hohlkugel habe den Außenradius r und die Dicke d, d. h. den Innenradius r – d. Für diese Hohlkugel kann das Volumen mit der eben hergeleiteten Volumenformel berechnet werden. Wenn d sehr klein wird, kann d als Höhe über einer Fläche A aufgefasst werden, die sich ergäbe, wenn die Kugel in die Ebene ausgebreitet werden könnte. Das Volumen der Hohlkugel müsste dann mit dem Volumen $V = G \cdot h = A \cdot d$ übereinstimmen.

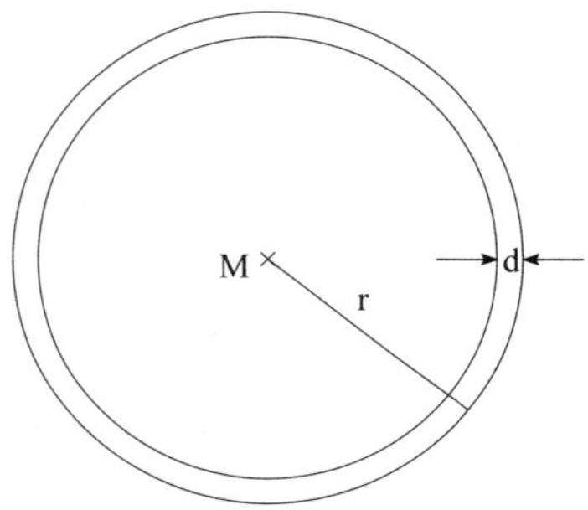

Für $d \to 0$ nähert sich A an die Oberfläche der Kugel an. Es gilt:

$$V = \frac{4}{3} r^3 \pi - \frac{4}{3} (r-d)^3 \pi = \frac{4}{3} r^3 \pi - \frac{4}{3} (r^3 - 3r^2 d + 3rd^2 - d^3) \pi$$

$$= \frac{4}{3} r^3 \pi - \frac{4}{3} r^3 \pi + 4r^2 d \pi - 4rd^2 \pi + \frac{4}{3} d^3 \pi = d \cdot \left(4r^2 \pi - 4rd\pi + \frac{4}{3} d^2 \pi\right)$$

$$= d \cdot A$$

$$A = 4r^2 \pi - 4rd\pi + \frac{4}{3} d^2 \pi$$

für $d \to 0$ folgt: $A \to O_{Ku} = 4r^2 \pi$, weil $4rd\pi \to 0$ und $\frac{4}{3} d^2 \pi \to 0$ gilt

Oberfläche der Kugel
$O_{Ku} = 4r^2 \pi$

Beispiele:

1. Berechne Volumen und Oberfläche einer Kugel mit Radius r = 5 cm.

   Lösung:
   $O = 4r^2 \pi = 4 \cdot 5^2 \pi\ cm^2 = 100\pi\ cm^2 \approx 314{,}16\ cm^2$
   $V = \frac{4}{3} r^3 \pi = \frac{4}{3} \cdot 5^3 \pi\ cm^3 = \frac{500}{3} \pi\ cm^3 \approx 523{,}60\ cm^3$

2. Eine Kugel hat eine Oberfläche O = 2 m². Berechne ihr Volumen.

Lösung:

$O = 4r^2\pi = 2\ m^2 = 200\ dm^2 \Rightarrow r^2 = \frac{200}{4\pi} = \frac{50}{\pi} \Rightarrow r = \sqrt{\frac{50}{\pi}}\ dm \approx 4\ dm$

$V = \frac{4}{3}r^3\pi = \frac{4}{3}\cdot 4^3\pi\ dm^3 = \frac{256}{3}\pi\ dm^3 \approx 268{,}08\ dm^3$

3. Einem gleichseitigen Zylinder mit Radius r ist eine Kugel einbeschrieben (siehe Skizze).
Berechne das Verhältnis der Volumina der beiden Körper und zeige, dass die Mantelfläche des Zylinders flächengleich der Kugeloberfläche ist.
(Diese Eigenschaft verwendet man bei der „Zylinderprojektion" zur Herstellung von flächentreuen Karten der Erdoberfläche. Allerdings stimmen dann Längenverhältnisse und Winkel nicht.)

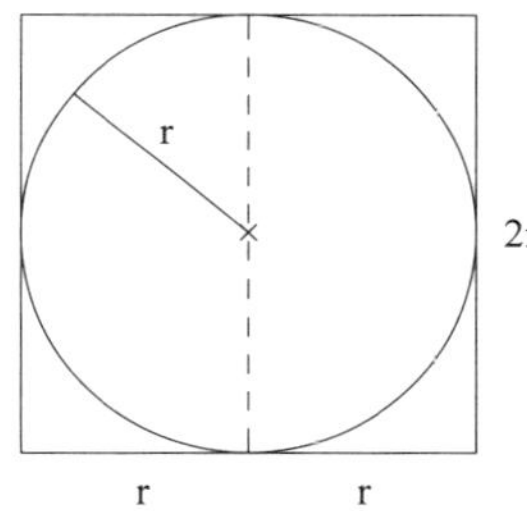

Lösung:

$$\frac{V_Z}{V_{Ku}} = \frac{r^2\pi\cdot 2r}{\frac{4}{3}r^3\pi} = \frac{3r^3\pi}{\frac{4}{3}r^3\pi} = \frac{9}{4}$$

$M_Z = 2r\pi\cdot 2r = 4r^2\pi = O_{Ku}$

Aufgaben

71. a) Wie verhalten sich die Rauminhalte zweier Kugeln, deren Oberfläche sich wie 1 : 4 verhalten?

b) Wie viele Kugeln mit dem Radius $\frac{r}{2}$ haben dasselbe Gesamtvolumen wie eine Kugel mit dem Radius 2r?

c) Wie groß muss der Radius R eines Kreises sein, dessen Fläche genau so groß ist wie die Oberfläche einer Kugel mit Radius r?

72. Der Radius einer aufblasbaren Kugel nimmt um 10 % zu. Um wie viel % nehmen dadurch Oberfläche und Rauminhalt der Kugel zu?

73. a) Der Mars hat einen Durchmesser von rund 6 763 km. Gib in Zehner-Potenzschreibweise einen Großkreisumfang, Oberfläche und Volumen des Mars an.

b) Das Erdvolumen ist rund achtmal so groß wie das Marsvolumen. In welchem Verhältnis stehen die Oberflächen von Erde und Mars?

74. Die in der nebenstehenden Skizze farblich schraffierte Figur rotiere um die gestrichelte Achse. Bestimme Oberfläche und Volumen des Rotationskörpers in Abhängigkeit von r.

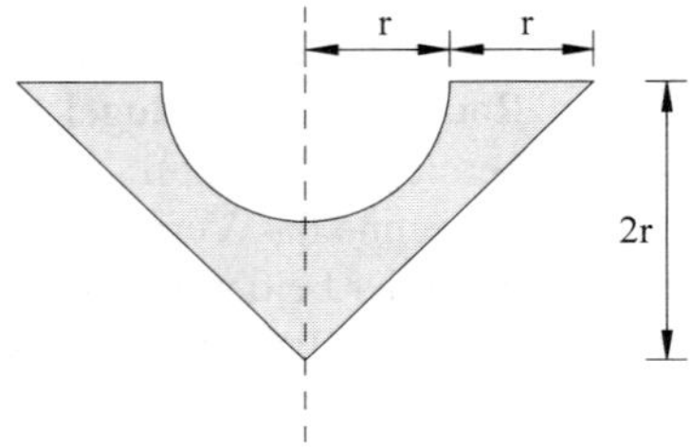

75. Die in der nebenstehenden Skizze farblich schraffierte Figur rotiere um die eingezeichnete Achse. Bestimme in Abhängigkeit von a Oberfläche und Volumen des entstehenden Rotationskörpers.

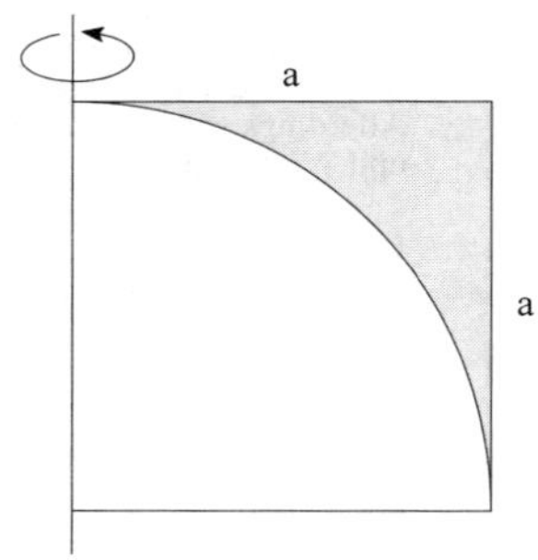

76. Eine Kugel mit der Oberfläche $O = 400\pi\ \text{cm}^2$ wird von einer Ebene im Abstand $d = 6$ cm vom Mittelpunkt geschnitten. Berechne den Flächeninhalt der Schnittfläche.

77. a) Eine Kugel und ein Zylinder haben gleiche Radien und gleiche Volumina. Bestimme die Höhe des Zylinders und das Verhältnis der Oberflächen von Kugel und Zylinder.

b) Eine Kugel und ein Kegel haben gleiche Radien und gleiche Volumina. Bestimme die Höhe des Kegels und das Verhältnis der Oberflächen von Kugel und Kegel.

78. Bestimme die Verhältnisse, in denen die Volumina und die Oberflächen der einem Würfel ein- und umbeschriebenen Kugeln stehen.

79. Die in der nebenstehenden Skizze farblich schraffierte Figur rotiere um die eingezeichnete Achse. Bestimme das Volumen des Rotationskörpers.

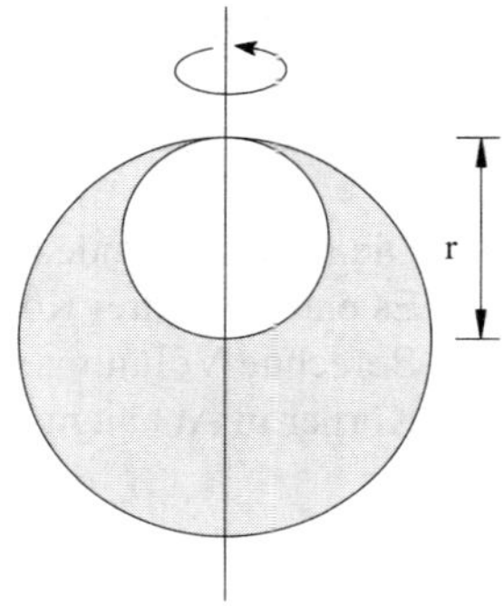

80. Eine Turmhaube entsteht durch die Rotation der nebenstehenden Figur. Welche Mantelfläche hat die Turmhaube?

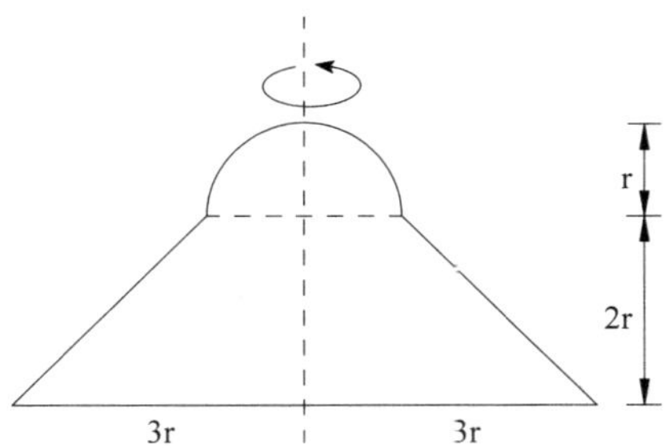

Vermischte Aufgaben

81. Wie verhalten sich die Volumina eines Kegels, einer Kugel und eines Zylinders, wenn alle drei Körper gleiche Radien und gleiche Höhen besitzen?

82. Einer Kugel mit Radius r ist ein Kegel mit der Höhe $h = \frac{1}{3}r$ einbeschrieben. Wie verhält sich das Volumen des Kegels zu dem der Kugel?

83. Einer Kugel mit Radius r ist ein Zylinder einbeschrieben, dessen Mantelfläche so groß ist wie 48 % der Kugeloberfläche. Wie groß ist das Volumen des Zylinders?

84. Ein Zylinder und ein Kegel haben gleiche Oberflächen, gleiche Volumina und gleiche Höhen. Wie groß sind die Oberflächen und Volumina der Körper in Abhängigkeit von der gleichen Höhe h?

85. Das Volumen einer Kugel ist doppelt so groß wie das Volumen eines Zylinders, der den gleichen Radius besitzt wie die Kugel. Bestimme die Höhe des Zylinders und das Verhältnis der Oberflächen von Kugel und Zylinder.

86. Die nebenstehende Figur rotiere um die Achse a.
Es entstehen drei Körper.
Berechne Volumina und Oberflächen der drei Körper in Abhängigkeit von r.

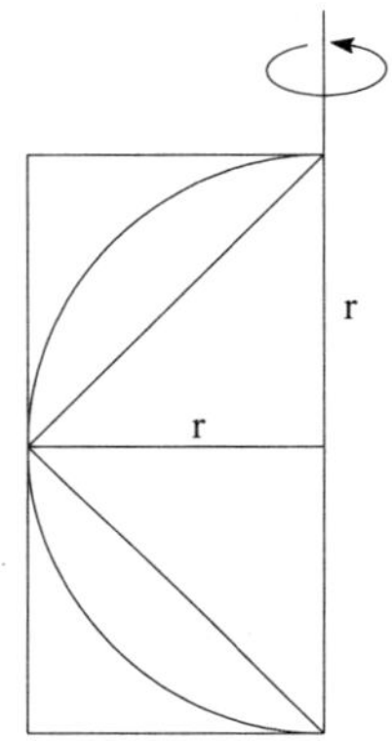

87. Das in der nebenstehenden Skizze farblich schraffierte Flächenstück rotiere um die eingezeichnete Achse.
Bestimme das Volumen des Rotationskörpers in Abhängigkeit von r.

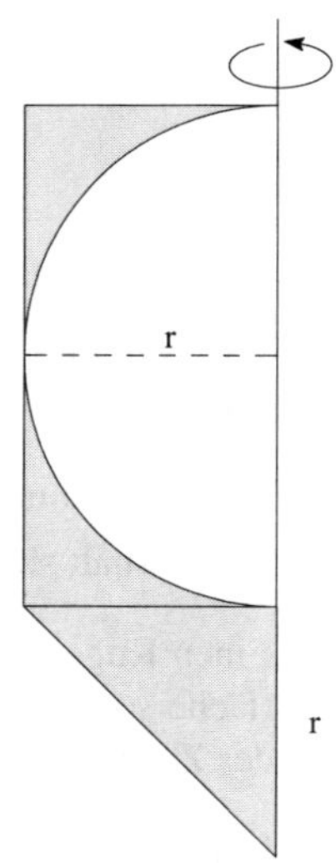

88. Eine Kugel aus Glas ($\rho_{Glas} = 2{,}6\ g/cm^3$) hat die Masse 15 g. Sie fällt in ein zylindrisches, mit Wasser gefülltes Gefäß mit dem Innendurchmesser 6 cm und taucht darin ganz unter.
Um wie viel (in mm) steigt der Wasserspiegel?

89. Durch Rotation der nebenstehenden Figur um die Achse a entstehen drei Rotationskörper.

a) Berechne die Höhe h des Kegels und den Kugelradius R in Abhängigkeit vom Grundkreisradius r.

b) Wie verhalten sich die Oberflächen der drei Körper?

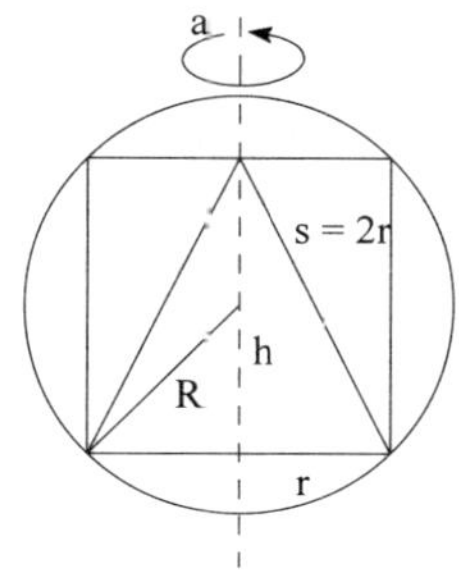

90. Einer Kugel mit Radius r wird ein Zylinder mit dem Grundkreisradius $\frac{r}{2}$ einbeschrieben.
Um wie viel % ist das Kugelvolumen größer als das Zylindervolumen?

91. Einem gleichseitigen Kegel ist eine Kugel mit dem Radius r umbeschrieben. Berechne die Oberflächen und die Volumina von Kugel und Kegel.

92. Einem geraden Kreiskegel mit dem Grundkreisradius $R = 6$ cm und der Höhe $h = 6 \cdot \sqrt{3}$ cm ist eine Kugel so einbeschrieben, dass sie auf dem Mittelpunkt der Grundfläche steht und den Mantel in einem Kreis berührt.

a) Zeige, dass für den Kugelradius gilt: $r = \frac{h}{3}$.

b) Wie verhalten sich die Volumina von Kegel und Kugel?

93. Einem Kegel mit dem Radius 2r und der Höhe 4r wird ein Zylinder so einbeschrieben, dass der Radius des Grundkreises des Zylinders r ist.

a) Berechne in Abhängigkeit von r die Höhe des Zylinders.

b) Bestimme das Verhältnis der Volumina und das Verhältnis der Mantelflächen beider Körper.

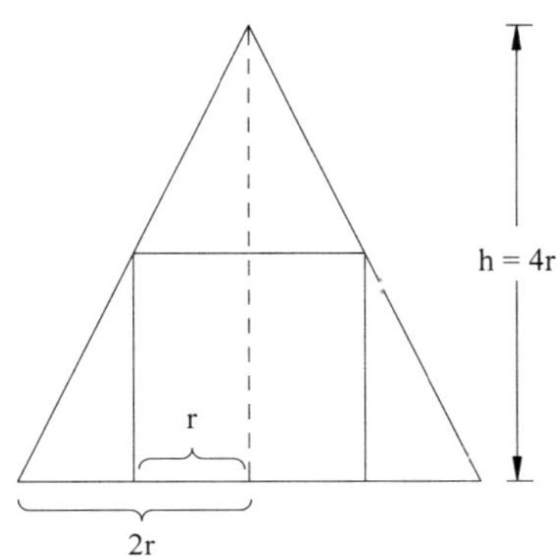

94. Ein Kegel (Radius 4a) und ein Zylinder (Radius 3a, Höhe 7a) haben gleiche Oberflächen. Berechne die Höhe, die Mantelfläche und das Volumen des Kegels in Abhängigkeit von a.

95. Einer Kugel mit Radius r wird ein Zylinder, bei dem die Höhe doppelt so groß ist wie der Durchmesser, einbeschrieben (siehe Skizze). Berechne das Verhältnis der Volumina von Kugel und Zylinder.

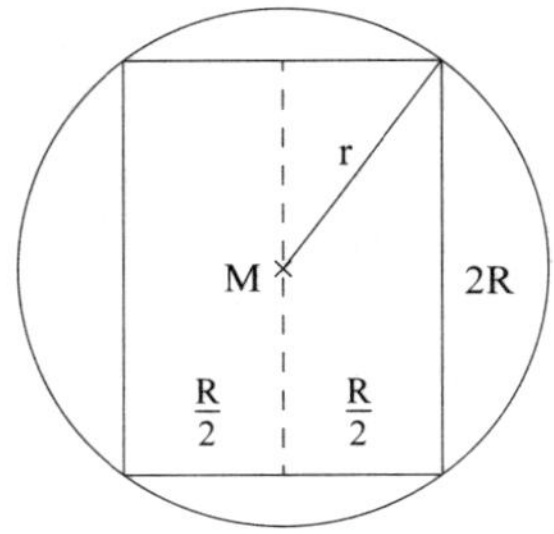

96. Die Fläche ABC rotiert um die Achse AB. Dabei ist der Bogen $\overset{\frown}{CA}$ ein Viertelkreis mit dem Radius r = 2 cm.
Für das Dreieck BCD gilt:
$\overline{BC}$ = 6 cm (siehe Skizze).
Berechne für den entstehenden Rotationskörper auf eine Dezimale das Volumen und die Oberfläche.

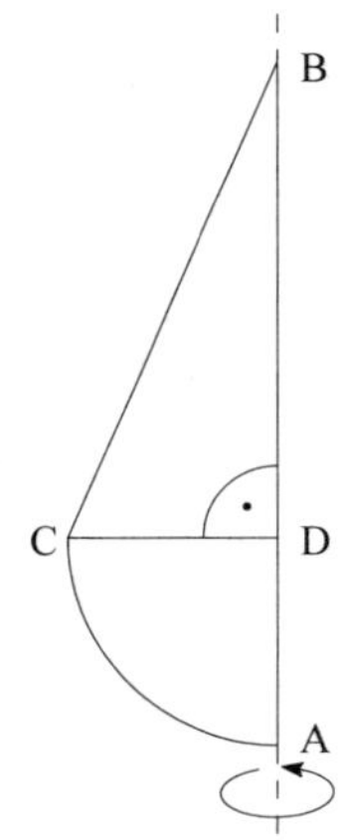

97. Die Fläche BCDE rotiert um die Achse BE. Der Bogen $\overset{\frown}{BC}$ ist ein Viertelkreis mit dem Radius $\overline{AC}$ = 4 cm.
Ferner gilt: $\overline{AE}$ = 8 cm.
Berechne auf zwei Dezimalen das Volumen des entstehenden Rotationskörpers.

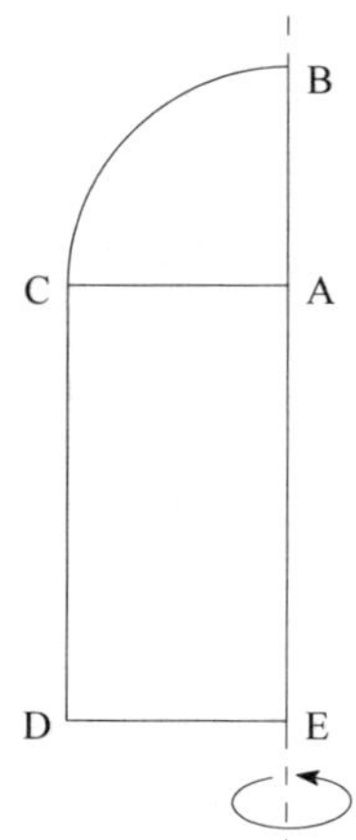

98. Der Radius r eines Kegels ist doppelt so groß wie der Radius einer Kugel. Das Volumen des Kegels soll doppelt so groß sein wie das der Kugel. Berechne in Abhängigkeit von r die Höhe und die Mantelfläche des Kegels.

99. Die Mantelfläche eines Zylinders mit dem Grundkreisradius r und der Höhe h ist viermal so groß wie seine Grundfläche.

a) Zeige, dass h = 2r gilt und weise damit nach, dass die Mantelfläche des Zylinders gleich der Oberfläche einer Kugel mit dem Radius r ist.

b) Der Zylinder werde einem Kegel einbeschrieben, dessen Höhe gleich seinem Radius R ist. Zeige, dass R = 3r gilt und berechne das Verhältnis der Oberflächen von Zylinder und Kegel.

100. Der Umfang der in der nebenstehenden Skizze farblich schraffierten Fläche besteht aus einem Viertelkreis und fünf Strecken. Durch Drehung dieser Figur um die Gerade g ergibt sich ein Körper. Welches Volumen besitzt dieser Rotationskörper in Abhängigkeit von a?

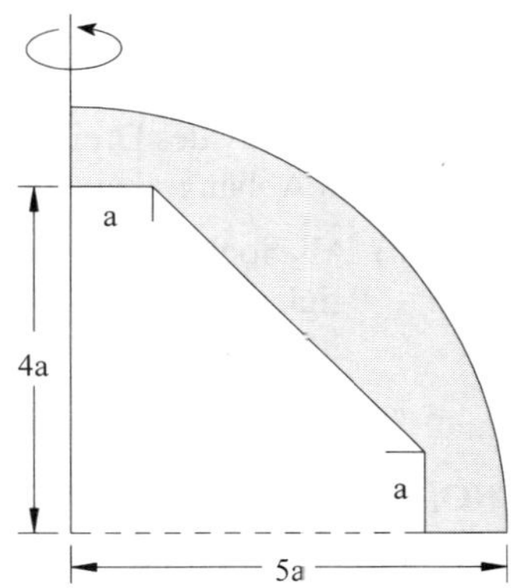

101. Gegeben ist ein gerader Kreiszylinder ABCD mit dem Durchmesser $\overline{AB}$ = 5 cm. Ferner ist ein gerader Kreiskegel gegeben, dessen abgewickelter Kegelmantel ein Kreissektor mit dem Mittelpunktswinkel φ = 216° und der Bogenlänge b = 18,85 cm ist. Dieser Kegelmantel wird dem Zylinder als Dach aufgesetzt (siehe Skizze).

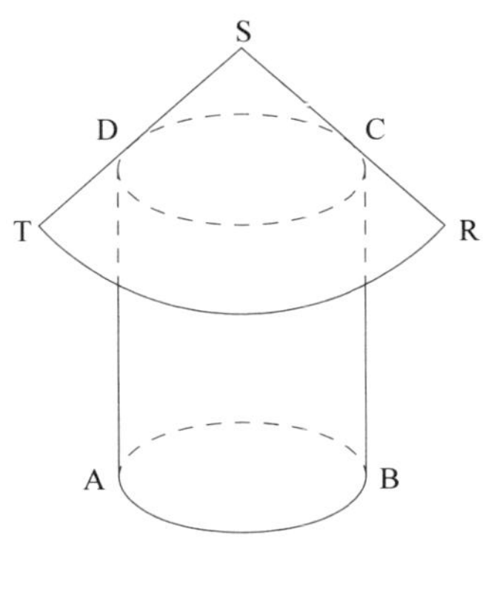

a) Bestätige durch Rechnung, dass für den Kegel gilt:
s = 5 cm, r = 3 cm und h = 4 cm.

b) Berechne das Volumen des Hohlraumes CSD, der von der Deckfläche des Zylinders und dem Kegeldach eingeschlossen wird.

c) An Stelle des kegelförmigen Daches soll nun eine halbkugelförmige Kuppel bündig auf den Zylinder aufgesetzt werden. Berechne das Volumen der Kuppel.

102. Einem Halbkreis mit dem Radius r ist ein gleichschenkliges Dreieck ABC mit der Basis [AB] mit $\overline{AB} = 6r$ so umbeschrieben, dass der Halbkreis die Basis in ihrem Mittelpunkt F berührt (siehe Skizze).

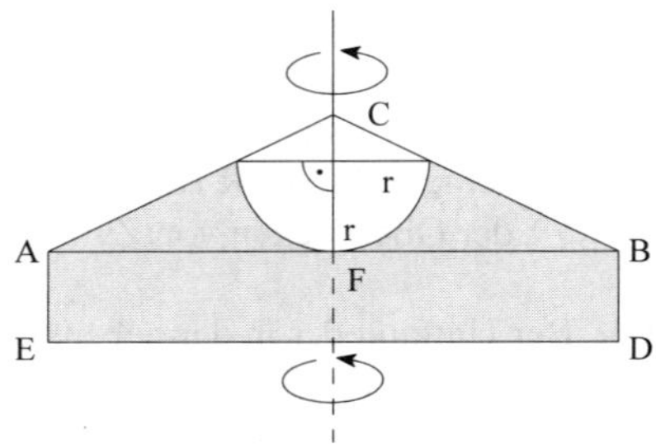

a) Bestimme die Höhe $h = \overline{CF}$ des Dreiecks ABC in Abhängigkeit von r.

b) Als Sockel dient das Rechteck AEDB mit $\overline{AE} = r$. Berechne in Abhängigkeit von r das Volumen desjenigen Körpers, der durch die Rotation der farblich schraffierten Fläche um die Gerade CF (siehe Skizze) entsteht.

103. Die in nebenstehender Skizze abgebildete Figur rotiert um ihre Symmetrieachse MS und erzeugt dabei den Rotationskörper K. Der Bogen $\overset{\frown}{AA'}$ ist ein Halbkreis mit Durchmesser 2a. Folgende Längen sind noch gegeben: $\overline{BB'} = \frac{3}{2}a$, $\overline{BC} = 2a$, $\overline{MS} = a$.

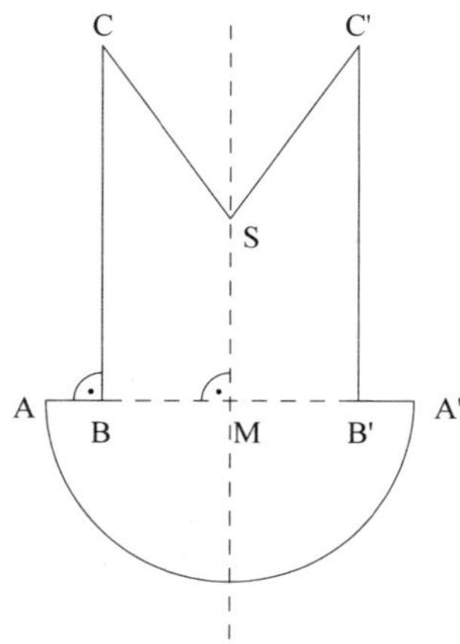

a) Berechne das Volumen des Körpers K in Abhängigkeit von a.

b) Bestimme die Länge $\overline{CS}$ der Strecke [CS] und dann die Oberfläche des Körpers K in Abhängigkeit von a.

104. Ein Zylinder wird von einer Ebene, die die Zylinderachse enthält, geschnitten. Die Schnittfläche ist ein Quadrat mit der Seitenlänge a. Dem Zylinder ist ferner eine Kugel einbeschrieben (siehe Skizze).

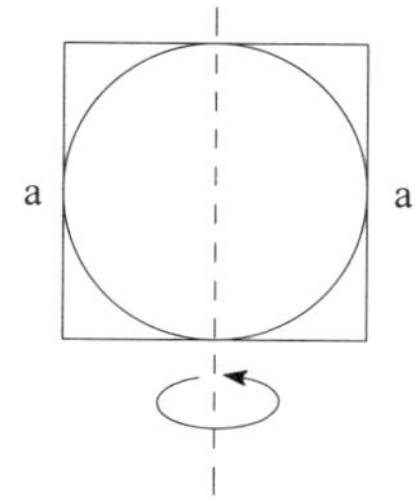

a) Bestimme das Verhältnis der Volumina der beiden Körper.

b) Für einen bestimmten Wert von a ist die Oberfläche des Zylinders um $32\pi\ \text{cm}^2$ größer als die Oberfläche der Kugel.
Berechne die Länge a in cm.

105. Die Strecke [AB] mit der Länge 2a und der Halbkreis mit dem Durchmesser [AB] begrenzen eine Fläche A_S. Diese Halbkreisfläche werde aus einem Bogen Papier ausgeschnitten und zu einem geraden Kreiskegel so zusammengerollt, dass die Strecke [MA] auf der Strecke [MB] zu liegen kommt.

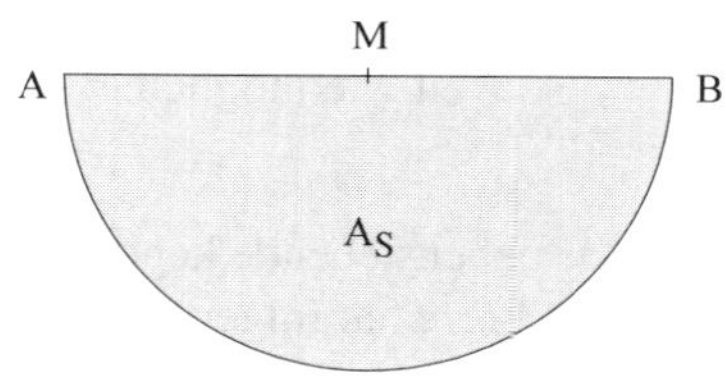

a) Weise durch Rechnung nach, dass dieser Kreiskegel den Grundkreisradius $\frac{a}{2}$ hat.

b) Skizziere die Schnittfigur dieses Kreiskegels mit einer Ebene, die die Kegelachse enthält und berechne in Abhängigkeit von a die Höhe h und das Volumen V dieses Kreiskegels.

c) Wie groß ist a (auf mm gerundet) zu wählen, damit das Kegelvolumen $1\ \text{dm}^3$ beträgt?

106. Die in der nebenstehenden Figur farblich schraffierte Figur rotiert um die Achse a. Die Punkte B und C haben von der Achse a den Abstand r. Die Strecke [BC] hat die Länge $\overline{BC} = 3r$. M ist der Mittelpunkt des Kreisbogens.

a) Berechne das Volumen des Rotationskörpers in Abhängigkeit von r. Vereinfache den Lösungsterm so weit wie möglich.

b) Wie groß ist die Oberfläche des Rotationskörpers in Abhängigkeit von r. Vereinfache den Lösungsterm so weit wie möglich.

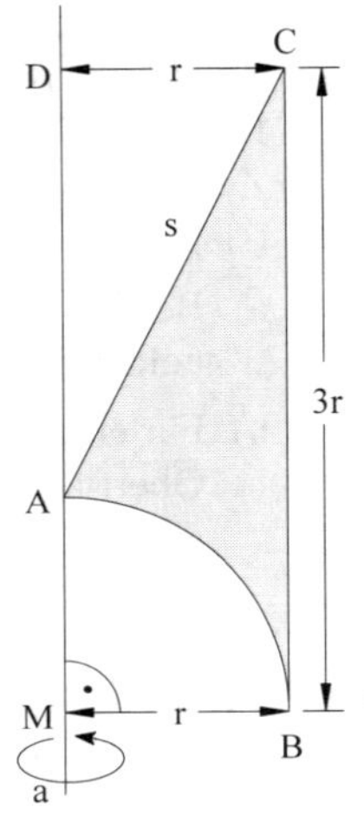

107. Das nebenstehende kegelförmige Glas der Skizze hat folgende Maße:
$d = 6{,}6$ cm, $h = 11$ cm, $s = 1{,}7$ cm.
In das Glas wird vor dem Eingießen eines Getränks eine kugelförmige Olive mit dem Durchmesser 1,8 cm gegeben. Welches Flüssigkeitsvolumen passt in das Glas, wenn es bis $s = 1{,}7$ cm unter dem Rand gefüllt wird?

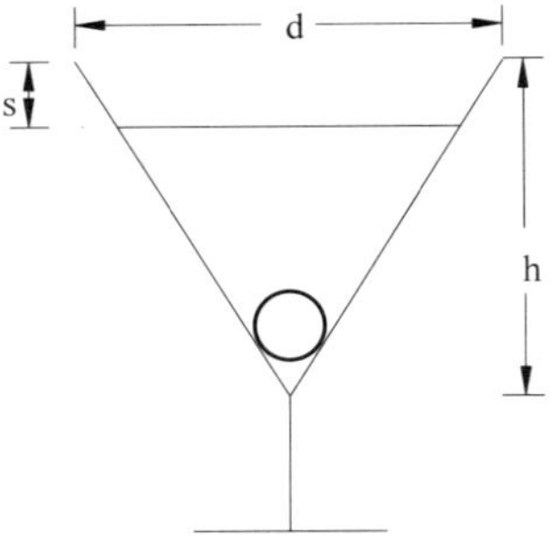

108. Aus der Fläche eines Viertelkreises mit Radius b werde ein gleichschenklig rechtwinkliges Dreieck mit der Kathete $\frac{b}{2}$ so herausgeschnitten, wie es die nebenstehende Skizze zeigt. Die farblich schraffierte Restfläche rotiere um die Achse a.
Berechne das Volumen und die Oberfläche des Rotationskörpers in Abhängigkeit von b.

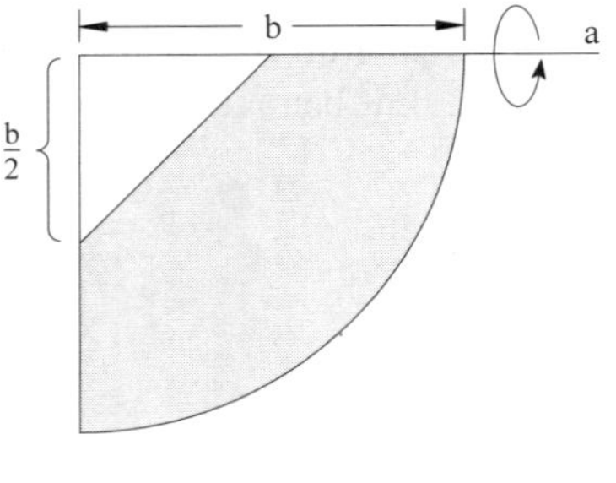

109. Die in der nebenstehenden Skizze farblich schraffierte Figur rotiere um die Achse BC. Berechne Volumen und Oberfläche des entstehenden Rotationskörpers in Abhängigkeit von a.

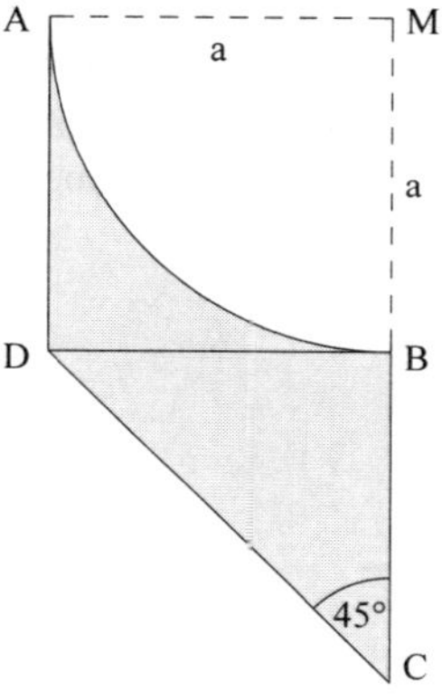

110. Eine Kugel mit dem Radius r und ein Zylinder mit dem Grundkreisradius r und der Höhe h haben den gleichen Oberflächeninhalt.
Berechne die Zylinderhöhe h sowie das Verhältnis der Volumina von Kugel und Zylinder.

111. In der nebenstehenden Skizze mit $\overline{AB} = r$ und $\overline{BC} = h$ sei M die Mitte der Hypotenuse [AC] des rechtwinkligen Dreiecks ABC.
Berechne das Volumen des Rotationskörpers, der entsteht, wenn die in der Skizze farblich schraffierte Fläche um die Achse BC rotiert, in Abhängigkeit von r und h.

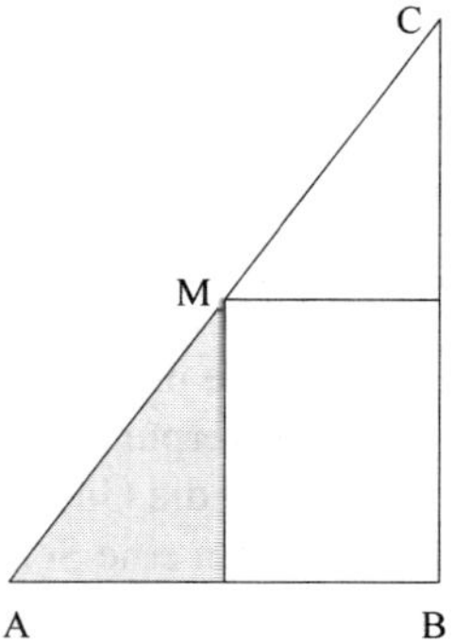

112. In der nebenstehenden Skizze ist der Achsenschnitt eines Rotationskörpers farblich schraffiert. Berechne in Abhängigkeit von r die Oberfläche und das Volumen des Körpers.

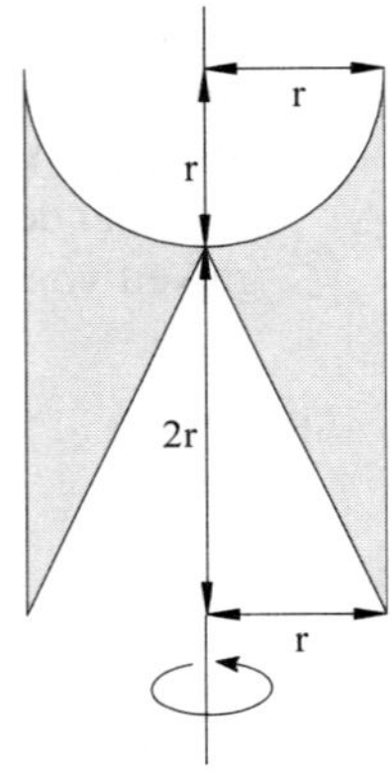

113. Drei Tischtennisbälle sollen so wie in der Skizze angegeben verpackt werden. Untersuche die Raumausnutzung bei zylindrischer bzw. quaderförmiger Verpackungsschachtel.

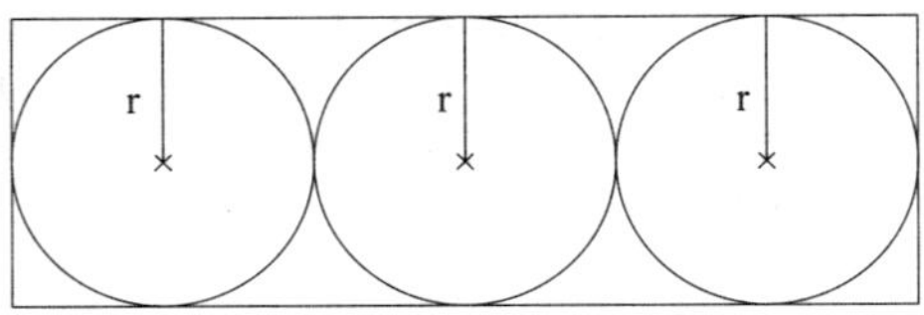

114. Die guldinsche Regel besagt für einen Rotationskörper: Das Volumen eines Rotationskörpers ist gleich dem Produkt aus dem Inhalt der rotierenden Fläche und dem Umfang des Kreises, der den Schwerpunkt der rotierenden Fläche beschreibt. Zeige die Gültigkeit der Regel an einem Quadrat, das um eine Seite als Achse rotiert (siehe Skizze).

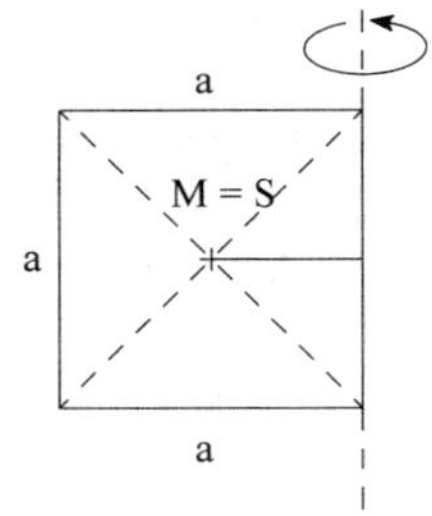

115. Das Trapez ABCD rotiert um die Achse AB. Berechne das Volumen und die Oberfläche des entstehenden Rotationskörpers in Abhängigkeit von der Länge a.

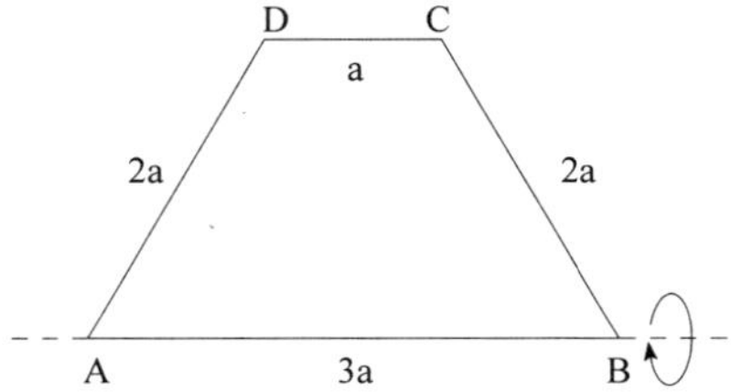

116. Das gleichschenklige Dreieck ABC mit der Basislänge $\overline{AB} = 2a$ besitzt die Höhe $h = \overline{AC} = 2a$. Der Umkreismittelpunkt sei M und der Umkreisradius r.
Zeige durch Berechnung, dass $r = \frac{5}{4}a$ gilt.

Bestimme dann in Abhängigkeit von a das Volumen V des Rotationskörpers, der entsteht, wenn die farblich schraffierte Figur um die Symmetrieachse HC des Dreiecks ABC rotiert.

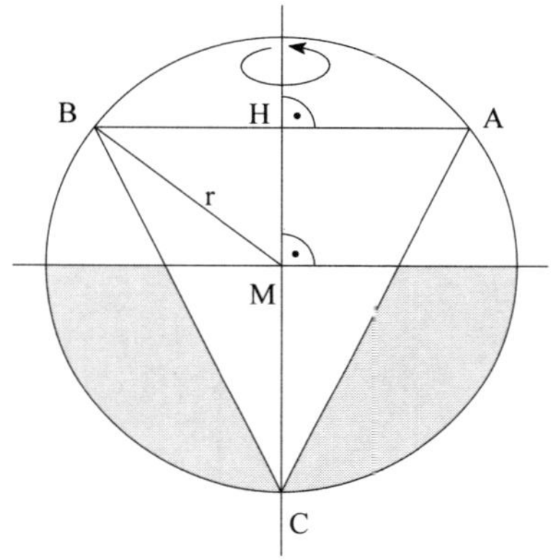

Lösungen

Der Schachspieler macht es dir vor: Überlegen ist besser als ein vorschneller Zug, d. h. ein unbedachter falscher Lösungsweg.

1. Der Umfang des Kreises wird durch den Umfang eines Quadrates mit der Diagonalen $d = 2 \cdot \frac{5}{4} r = \frac{5}{2} r$ ersetzt.

Wenn a die Seite des Quadrates ist, dann gilt:

$d = a\sqrt{2} = \frac{5}{2} r \Rightarrow a = \frac{5}{2\sqrt{2}} r$

Jetzt soll gelten:

$U_Q = U_{Kr}$

$4a = 2r\pi$

$\frac{10r}{\sqrt{2}} = 2r\pi \Rightarrow \pi \approx \frac{5}{\sqrt{2}} \approx 3{,}54$

In der angegebenen Konstruktion verwendet Albrecht Dürer den Wert $\pi \approx 3{,}54$.

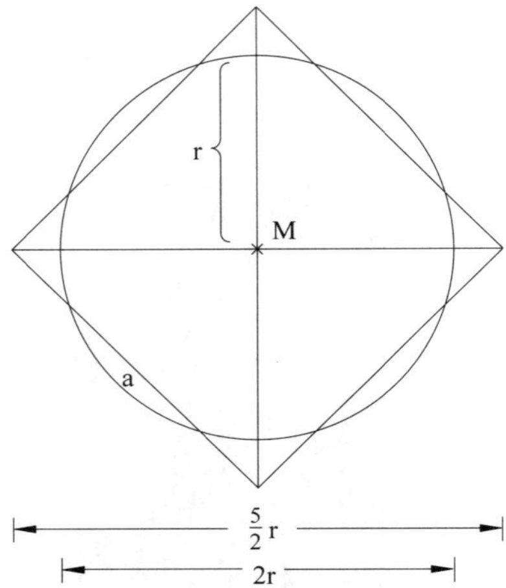

2. a) $u_1 = 2r_1\pi; \quad u_2 = 2r_2\pi$

$u_1 - u_2 = 2r_1\pi - 2r_2\pi = 2\pi(r_1 - r_2) = 6\pi$ cm

$\Rightarrow r_1 - r_2 = 3$ cm

Die Radien dieser Kreise unterscheiden sich um 3 cm.

b) $u_1 = 2(r+1)\pi; \quad u_2 = 2r\pi$

$u_1 - u_2 = 2(r+1)\pi - 2r\pi = 2r\pi + 2\pi - 2r\pi = 2\pi$ cm $\approx 6{,}28$ cm

Die Umfänge der beiden Kreise unterscheiden sich um 2π cm.

c) $u_1 = 2r_1\pi; \quad u_2 = 2r_2\pi$

$u_1 - u_2 = 2r_1\pi - 2r_2\pi = 2\pi(r_1 - r_2) = 1$ cm

$\Rightarrow r_1 - r_2 = \frac{1}{2\pi}$ cm $\approx 0{,}16$ cm

Der Radius r_1 ist um $\frac{1}{2\pi}$ cm größer als der Radius r_2.

3. a) $u = d \cdot \pi = 3{,}5 \cdot 2{,}54 \cdot \pi$ cm $\approx 27{,}93$ cm

b) $n = 1$ km $: u = 1$ km $: (d \cdot \pi) = 1$ km $: (26 \cdot 2{,}54 \cdot \pi$ cm$)$

$= 100\,000$ cm $: 207{,}47$ cm ≈ 482

Das Rad dreht sich ungefähr 482-mal.

4. $u = 2r\pi = 2 \cdot 3{,}84 \cdot 10^5 \cdot \pi \text{ km} \approx 24{,}13 \cdot 10^5 \text{ km} \approx 2{,}41 \cdot 10^6 \text{ km}$

5. $u = 2r\pi = 4\,370\,000 \text{ km} \Rightarrow r = \frac{u}{2\pi} = \frac{4\,370\,000}{2\pi} \text{ km} \approx 695\,507 \text{ km}$

6. $u = d \cdot \pi \wedge d \leq 1 \text{ m} \Rightarrow u \leq 1 \text{ m} \cdot \pi = 3{,}14 \text{ m}$

Der Umfang der Regentonne darf höchstens 3,14 m sein, damit der Durchmesser höchstens 1 m beträgt.

7. $A = r^2\pi \Rightarrow A_{gr} = \left(\frac{1{,}30}{2}\right)^2 \pi\,\text{m}^2;\ A_{Kl} = \left(\frac{1{,}10}{2}\right)^2 \pi\,\text{m}^2$

$p = \frac{A_{gr} - A_{Kl}}{A_{Kl}} \cdot 100\,\% = \frac{0{,}4225\pi - 0{,}3025\pi}{0{,}3025\pi} \cdot 100\,\% = 39{,}67\,\%$

Die größere Tischplatte hat eine Fläche, die 39,67 % größer ist als die kleinere.

8. Für den Kreisring in der Skizze gilt:
$A_{Ring} = R^2\pi - r^2\pi = (R^2 - r^2)\pi$

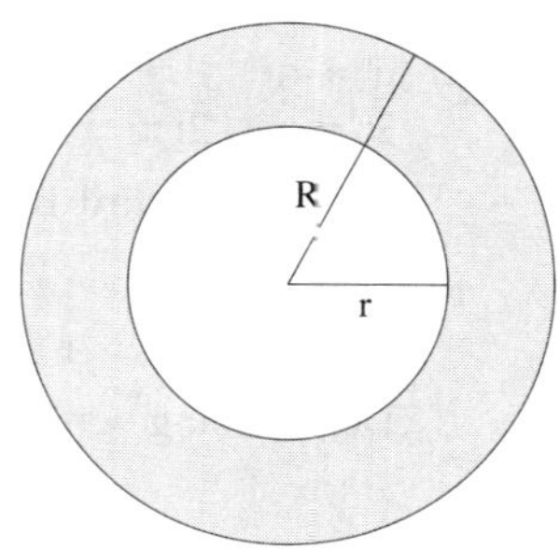

a) $R = r + 2 \text{ cm}$

$$A = (r+2)^2\pi - r^2\pi = 16\pi \quad |:\pi$$
$$r^2 + 4r + 4 - r^2 = 16$$
$$4r = 12$$
$$r = 3 \text{ cm} \Rightarrow R = 5 \text{ cm}$$

b) $A = R^2\pi - 0{,}5^2\,\pi = 2{,}4$

$$R^2\pi = 2{,}4 - 0{,}5^2\,\pi$$
$$R^2 = \frac{2{,}4 - 0{,}5^2\,\pi}{\pi}$$
$$R = \sqrt{\frac{2{,}4 - 0{,}5^2\,\pi}{\pi}} \approx 0{,}72 \text{ m}$$

Breite des Ringes: $b = R - r = 0{,}22 \text{ m}$

c) $r = R - 20 \text{ cm} = 30 \text{ cm}$
$A = (R^2 - r^2)\pi = (50^2 - 30^2)\pi = 1\,600\pi \text{ cm}^2 = 5\,026{,}55 \text{ cm}^2$

d) $A = R^2\pi - r^2\pi = 2r^2\pi$

$R^2\pi = 3r^2\pi$

$R^2 = 3r^2$

$\frac{R^2}{r^2} = 3 \Rightarrow \frac{R}{r} = \sqrt{3} \Rightarrow R : r = \sqrt{3} : 1$

e) Für den Umkreis gilt: $R = \frac{a}{2}\sqrt{2}$

Für den Inkreis gilt: $r = \frac{a}{2}$.

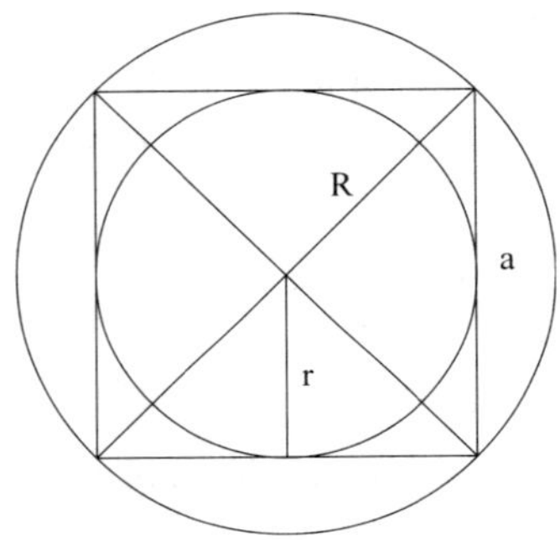

$A = (R^2 - r^2)\pi = 9$

$\left(\frac{a^2}{2} - \frac{a^2}{4}\right)\pi = 9$

$\frac{a^2}{4}\pi = 9$

$a^2 = \frac{36}{\pi}$

$a = \sqrt{\frac{36}{\pi}}\ \text{cm} \approx 3{,}39\ \text{cm}$

9. a) $u' = 4u$

$2r'\pi = 4 \cdot 2r\pi \Rightarrow r' = 4r \Rightarrow A' = r'^2\pi = 16r^2\pi = 16\ A$

Die Fläche wird 16-mal so groß.

b) $A' = 4A$

$r'^2\pi = 4r^2\pi \Rightarrow r' = 2r \Rightarrow U' = 2r'\pi = 2 \cdot 2r\pi = 2 \cdot U$

Der Umfang verdoppelt sich.

10. a) Runder Tisch:

$U_{Kr} = d \cdot \pi = 1{,}5 \cdot \pi\ \text{m} \approx 4{,}712\ \text{m}$

$A_{Kr} = r^2\pi = 0{,}75^2\pi\ \text{m}^2 = 1{,}77\ \text{m}^2$

Quadratischer Tisch:

$U_Q = 4 \cdot a = U_{Kr} = 4{,}712\ \text{m} \Rightarrow a = 1{,}178\ \text{m}$

$A_Q = a^2 = 1{,}39\ \text{m}^2$

$A_{Kr} - A_Q = 1{,}77\ \text{m}^2 - 1{,}39\ \text{m}^2 = 0{,}38\ \text{m}^2$

b) Wie unter Teilaufgabe a gilt:

$$U_{Kr} = U_Q \Rightarrow 2r\pi = 4a \Rightarrow a = \frac{r\pi}{2}$$

$$p = \frac{A_{Kr} - A_Q}{A_{Kr}} \cdot 100\,\% = \frac{r^2\pi - \frac{r^2\pi^2}{4}}{r^2\pi} \cdot 100\,\% = \frac{r^2\pi\left(1 - \frac{\pi}{4}\right)}{r^2\pi} \cdot 100\,\%$$

$$= \left(1 - \frac{\pi}{4}\right) \cdot 100\,\% = 21{,}56\,\%$$

Die Fläche des quadratischen Tisches ist um 21,46 % kleiner als die des runden Tisches.

11. Für den Umkreisradius gilt (siehe auch Figur 8 e): $r = \frac{a}{2}\sqrt{2}$

$$A = r^2\pi - a^2 = 9{,}13$$

$$\frac{a^2}{2}\pi - a^2 = 9{,}13$$

$$a^2\left(\frac{\pi}{2} - 1\right) = 9{,}13$$

$$a^2 = \frac{9{,}13}{\frac{\pi}{2} - 1} \Rightarrow a = \sqrt{\frac{9{,}13}{\frac{\pi}{2} - 1}} \approx 4{,}0 \text{ cm}$$

12. Für die Diagonale d im Quadrat gilt: $d = a\sqrt{2}$, d. h. $a = \frac{d}{\sqrt{2}}$.

a) $d = \frac{5}{2} r \Rightarrow a = \frac{5}{2\sqrt{2}} r \Rightarrow A = a^2 = \frac{25}{8} r^2 = r^2\pi \Rightarrow \pi \approx \frac{25}{8} = 3{,}125$

$$p = \frac{\pi_R - \pi}{\pi_R} \cdot 100\,\% = 0{,}53\,\%$$

b) $d = \frac{32}{9\sqrt{2}} r \Rightarrow a = \frac{32r}{18} \Rightarrow A = a^2 = \left(\frac{32}{18}\right)^2 \cdot r^2 = r^2\pi$

$$\Rightarrow \pi \approx \left(\frac{32}{18}\right)^2 \approx 3{,}16$$

$$p = \frac{\pi - \pi_R}{\pi_R} \cdot 100\,\% = 0{,}59\,\%$$

c) $d = \frac{23\sqrt{2}}{13} r \Rightarrow a = \frac{23}{13} r \Rightarrow A = a^2 = \left(\frac{23}{13}\right)^2 \cdot r^2 = r^2 \pi$

$\Rightarrow \pi \approx \left(\frac{23}{13}\right)^2 = 3{,}13$

$p = \frac{\pi_R - \pi}{\pi_R} \cdot 100\ \% = 0{,}37\ \%$

Alle drei Näherungen sind sehr gut, d. h. sie weichen nur ganz wenig (weniger als 1 %!) vom wirklichen Wert für π ab.

13. Für den Radius r' des Mittelkreises gilt:

$r' = \frac{R + r}{2}$

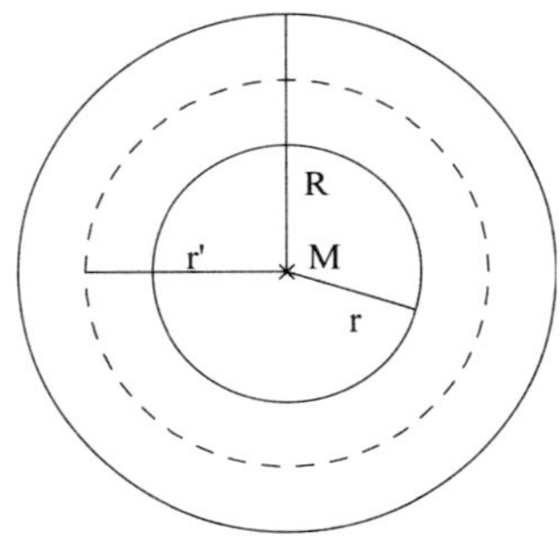

Der Mittelkreis hat die Länge

$\ell = 2r'\pi = (R + r)\pi$.

Der Kreisring hat die Breite $b = R - r$.

$\Rightarrow A = \ell \cdot b = (R + r)\pi \cdot (R - r)$

$= (R + r)(R - r)\pi = (R^2 - r^2)\pi$

$= A_{Ring}$

14. Es gilt:

$b = \frac{\varphi}{180°} \cdot r\pi$ bzw. $x = \frac{\varphi}{180°} \cdot \pi$

a) $b = \frac{42°}{180°} \cdot 3\ m \cdot \pi \approx 2{,}20\ m$; $x = \frac{42°}{180°} \cdot \pi = 0{,}73$

b) $b = \frac{1°}{180°} \cdot 100\ m \cdot \pi \approx 1{,}75\ m$; $x = \frac{1°}{180°} \cdot \pi = \frac{\pi}{180} = 0{,}017$

15. Aus $x = \frac{\varphi}{180°} \cdot \pi$ folgt $\varphi = \frac{180°}{\pi} \cdot x$

a) $\varphi = \frac{180°}{\pi} \cdot 1 = 57{,}30°$

b) $\varphi = \frac{180°}{\pi} \cdot 3{,}89 = 222{,}88°$

16. $u_{Äqu} = 2r\pi = 2 \cdot 6\,370\text{ km} \cdot \pi = 40\,023{,}89\text{ km}$

$1\text{ SM} = \frac{U_{Äqu}}{360 \cdot 60} = 1{,}853\text{ km}$ oder

$b = \frac{\frac{1}{60}}{180} \cdot 6\,370\text{ km} \cdot \pi = 1{,}853\text{ km} = 1$ Seemeile

17. Aus nebenstehender Skizze erhält man:

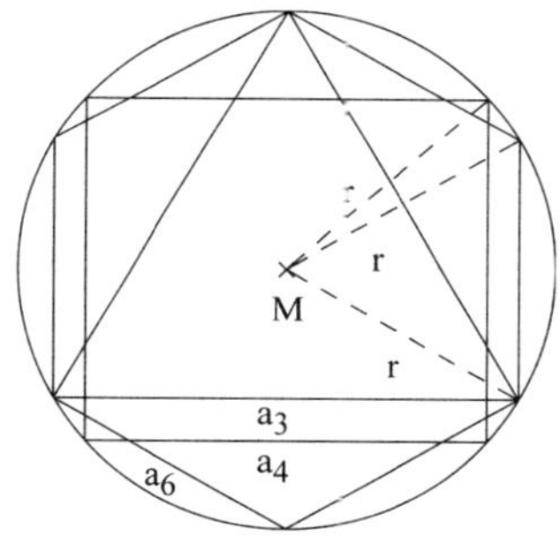

a) Im gleichseitigen Dreieck gilt für die Höhe

$h = \frac{a}{2}\sqrt{3} = \frac{3}{2}r \Rightarrow a_3 = \frac{3}{\sqrt{3}}r$

Bogen zum 120°-Winkel:

$b_3 = \frac{120°}{180°} \cdot r\pi = \frac{2}{3}r\pi$

$\Rightarrow p = \frac{b_3 - a_3}{a_3} \cdot 100\,\%$

$= \frac{\left(\frac{2}{3}\pi - \frac{3}{\sqrt{3}}\right)r}{\frac{3}{\sqrt{3}}r} \cdot 100\,\% = 20{,}92\,\%$

b) Im Quadrat gilt für die Diagonale:

$d = a\sqrt{2} = 2r \Rightarrow a_4 = \frac{2}{\sqrt{2}}r$

Bogen zum Viertelkreis:

$b_4 = \frac{90°}{180°} \cdot r\pi = \frac{\pi}{2}r$

$\Rightarrow p = \frac{b_4 - a_4}{a_4} \cdot 100\,\% = \frac{\left(\frac{\pi}{2} - \frac{2}{\sqrt{2}}\right)r}{\frac{2}{\sqrt{2}}r} \cdot 100\,\% = 11{,}07\,\%$

c) Im regelmäßigen Sechseck gilt: $a_6 = r$

Bogen zum 60°-Winkel:

$b_6 = \frac{60°}{180°} r\pi = \frac{\pi}{3}r$

$\Rightarrow p = \frac{b_6 - a_6}{a_6} \cdot 100\,\% = \frac{\left(\frac{\pi}{3} - 1\right)r}{1 \cdot r} \cdot 100\,\% = 4{,}72\,\%$

18. $A_S = \frac{\varphi}{360°} \cdot r^2\pi = \frac{69{,}45°}{360°} \cdot 6{,}3^2\pi\text{ cm}^2 = 24{,}05\text{ cm}^2$

19. a) $A_{Ring} = ((3r)^2 - r^2)\pi = 8r^2\pi$

$R_{Sektor} = 6r \Rightarrow \varphi = \frac{A_S \cdot 360°}{R^2\pi} = \frac{8r^2\pi \cdot 360°}{36r^2\pi} = 80°$

b) $u_{Sektor} = b + 2r = 2r\pi = u_{Kr}$

$\Rightarrow b = 2r\pi - 2r = 2r(\pi - 1) = \frac{\varphi}{180°} \cdot r\pi$

$\Rightarrow \varphi = \frac{2(\pi - 1)}{\pi} \cdot 180° = 245{,}41°$

c) (1) $b = \frac{\varphi}{180°} r\pi \Rightarrow \varphi = \frac{b \cdot 180°}{r\pi} = \frac{9 \cdot 180°}{4\pi} = 128{,}92°$

$x = \frac{\varphi}{180°}\pi = 2{,}25; \quad A_S = \frac{b \cdot r}{2} = \frac{9 \cdot 4}{2}\ \text{cm}^2 = 18\ \text{cm}^2$

(2) $u_{Sektor} = b + 2r = 2r'\pi = U_{Kreis}$

$\Rightarrow r' = \frac{b + 2r}{2\pi} = \frac{9 + 8}{2\pi}\ \text{cm} = 2{,}71\ \text{cm}$

20. $b = \frac{\varphi}{180°} \cdot r\pi = r \Rightarrow \varphi = \frac{180°}{\pi} = 57{,}30°$

$A_S = \frac{b \cdot r}{2} = \frac{r \cdot r}{2} = \frac{1}{2}r^2$

21. Für das Quadrat gilt:

Diagonale $d = a\sqrt{2} = 2r \Rightarrow a = \frac{2r}{\sqrt{2}} \Rightarrow A_Q = a^2 = 2r^2$

$A_S = \frac{\varphi}{360°} \cdot r^2\pi = 2r^2 \Rightarrow \varphi = \frac{2 \cdot 360°}{\pi} = 229{,}18°$

$x = \frac{\varphi}{180°} \cdot \pi = 4$

22. $A_S = \frac{\varphi}{360°} \cdot r^2\pi = 300 \Rightarrow r^2 = \frac{300 \cdot 360°}{112{,}85° \cdot \pi} \Rightarrow r = \sqrt{\frac{300 \cdot 360°}{112{,}85° \cdot \pi}} = 17{,}45\ \text{cm}$

23. Aus der nebenstehenden Skizze erkennt man:

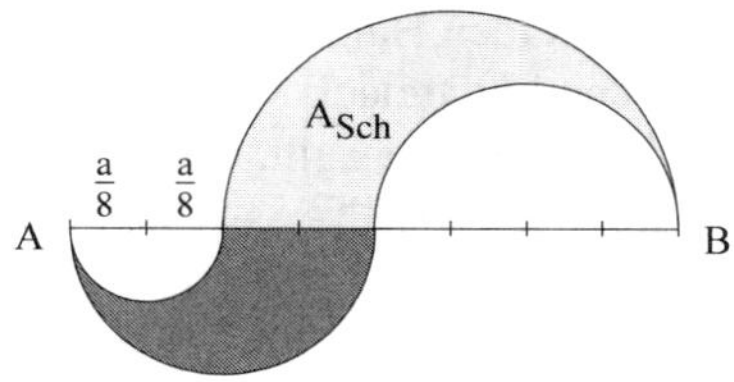

Beide Teilflächen ergeben sich als Differenz zweier Halbkreise.

Untere Fläche:

$$A_1 = \frac{1}{2}\left(\left(\frac{a}{4}\right)^2 \pi - \left(\frac{a}{8}\right)^2 \pi\right) = \frac{3}{128} a^2 \pi$$

Obere Fläche:

$$A_2 = \frac{1}{2}\left(\left(\frac{3}{8}a\right)^2 \pi - \left(\frac{a}{4}\right)^2 \pi\right) = \frac{5}{128} a^2 \pi$$

$$\Rightarrow A_{ges} = A_1 + A_2 = \frac{8}{128} a^2 \pi = \frac{1}{16} a^2 \pi$$

24. Die farblich schraffierte Fläche (siehe Skizze) setzt sich aus zwei Kreissegmenten zusammen, die zum Winkel $\varphi = 120°$ gehören. Wegen $\overline{M_1M_2} = r$ sind die Dreiecke M_1M_2A und M_1M_2B gleichseitig, d. h. $\overline{AB} = 2 \cdot h = r\sqrt{3}$

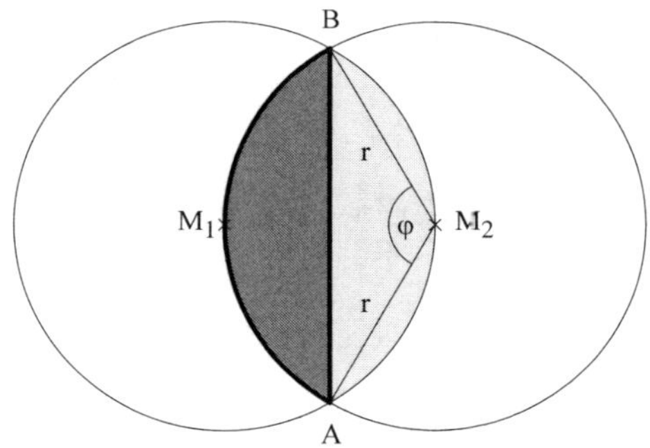

Für ein Segment gilt:

$$A = A_S - A_\Delta = \frac{1}{3} r^2 \pi - \frac{1}{2} \cdot r\sqrt{3} \cdot \frac{r}{2} = \frac{1}{3} r^2 \pi - \frac{1}{4} r^2 \sqrt{3}$$

$$\Rightarrow A_{ges} = 2 \cdot A = \frac{2}{3} r^2 \pi - \frac{1}{2} r^2 \sqrt{3} = 1{,}23 r^2$$

25. Für den Radius des Umkreises eines Quadrates gilt:

$$r = \frac{a}{2}\sqrt{2} = \frac{1}{2} \cdot \text{Diagonale}$$

$$A = A_{Kr} - A_Q = r^2 \pi - a^2 = \frac{a^2}{2} \pi - a^2 = a^2 \left(\frac{\pi}{2} - 1\right) = 14{,}27 \text{ cm}^2$$

$$\Rightarrow a^2 = \frac{14{,}27}{\frac{\pi}{2} - 1} \Rightarrow a = \sqrt{\frac{14{,}27}{\frac{\pi}{2} - 1}} = 5{,}0 \text{ cm}$$

26. Die beiden Halbkreise berühren sich, wenn im Dreieck MM_2M_1 der Satz des Pythagoras gilt, d. h.

$\overline{MM_1}^2 + \overline{MM_2}^2 = \overline{M_1M_2}^2$

$\left(\frac{r}{2}\right)^2 + \left(\frac{2}{3}r\right)^2 = \left(\frac{r}{2} + \frac{r}{3}\right)^2$

$\frac{r^2}{4} + \frac{4}{9}r^2 = \frac{r^2}{4} + 2 \cdot \frac{r}{2} \cdot \frac{r}{3} + \frac{r^2}{9}$

$\frac{r^2}{4} + \frac{4}{9}r^2 = \frac{r^2}{4} + \underbrace{\frac{r^2}{3} + \frac{r^2}{9}}$

$\frac{r^2}{4} + \frac{4}{9}r^2 = \frac{r^2}{4} + \frac{4}{9}r^2 \Rightarrow$ Berührung

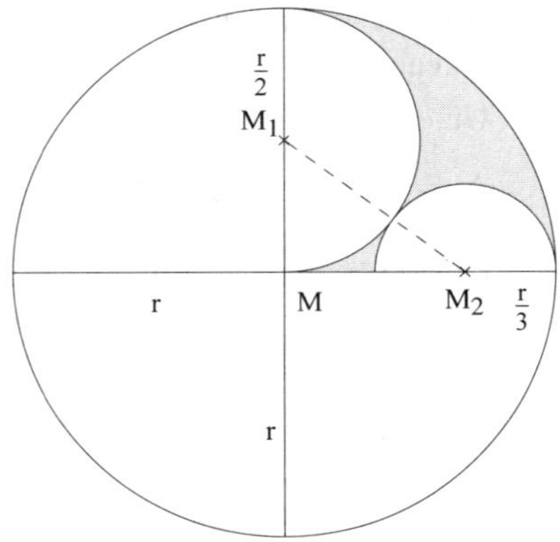

Die Fläche der farblich schraffierten Figur ergibt sich als Differenz eines Viertelkreises und zwei Halbkreisen.

$$A_{Schr} = \frac{1}{4}r^2\pi - \frac{1}{2}\left(\frac{r}{2}\right)^2\pi - \frac{1}{2}\left(\frac{r}{3}\right)^2\pi = \frac{1}{4}r^2\pi - \frac{1}{8}r^2\pi - \frac{1}{18}r^2\pi$$

$$= \frac{18}{72}r^2\pi - \frac{9}{72}r^2\pi - \frac{4}{72}r^2\pi = \frac{5}{72}r^2\pi$$

27. Für $\mu = 120°$ ergibt sich nach Aufgabe 24: $s = r\sqrt{3}$.

Für die Höhe des Dreiecks ABM gilt:

$h = \frac{r}{2}$

$\Rightarrow A_{Schr} = \frac{1}{3}r^2\pi - \frac{1}{2} \cdot r\sqrt{3} \cdot \frac{r}{2}$

$= \frac{1}{3}r^2\pi - \frac{1}{4}\sqrt{3}r^2$

$= \frac{r^2}{12}(4\pi - 3\sqrt{3}) \approx 0{,}61\ r^2$

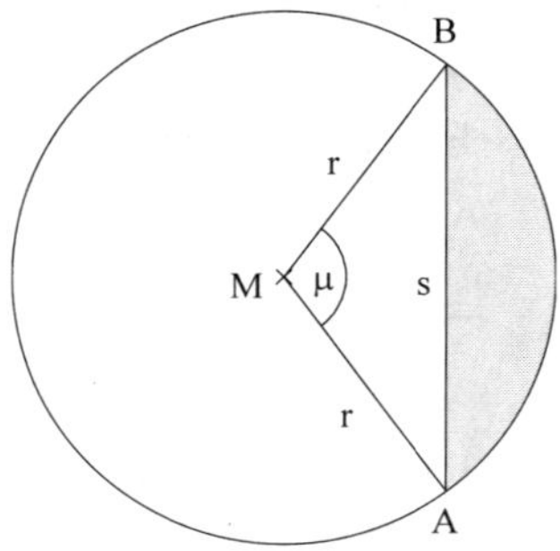

28. a) Im gleichseitigen Dreieck mit der Seitenlänge 2a gilt für die Höhe $h = \frac{2a}{2}\sqrt{3} = a\sqrt{3}$

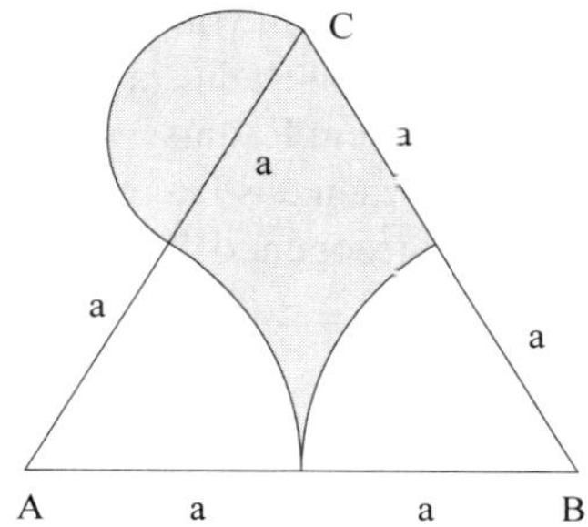

Die farblich schraffierte Fläche ergibt sich, wenn man von der Dreiecksfläche zwei Sechstelkreise mit dem Radius a subtrahiert und einen Halbkreis mit dem Radius $\frac{a}{2}$ addiert.

$$A_{Schr} = \frac{1}{2}\cdot 2a\cdot a\sqrt{3} - 2\cdot\frac{1}{6}a^2\pi + \frac{1}{2}\cdot\left(\frac{a}{2}\right)^2\pi$$
$$= a^2\sqrt{3} - \frac{1}{3}a^2\pi + \frac{1}{8}a^2\pi = a^2\sqrt{3} - \frac{8}{24}a^2\pi + \frac{3}{24}a^2\pi$$
$$= a^2\sqrt{3} - \frac{5}{24}a^2\pi = \left(\sqrt{3} - \frac{5}{24}\pi\right)a^2 \approx 1{,}08\,a^2$$
$$u_{Schr} = 2\cdot\frac{1}{6}\cdot 2a\pi + \frac{1}{2}\cdot 2\cdot\frac{a}{2}\pi + a = \frac{2}{3}a\pi + \frac{1}{2}a\pi + a = \frac{7}{6}a\pi + a \approx 4{,}67a$$

b) Im gleichseitigen Dreieck mit der Seitenlänge a gilt für die Höhe $h = \frac{a}{2}\sqrt{3}$.

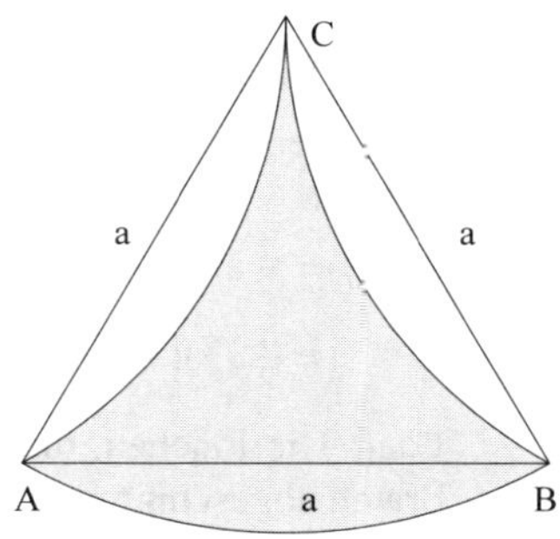

Die Segmente ergeben sich, wenn man von einem Sechstelkreis mit Radius a ein gleichseitiges Dreieck mit der Seitenlänge a subtrahiert. Da ein Segment addiert und zwei von der Dreiecksfläche subtrahiert werden, ergibt sich:

$$A_{Schr} = A_\Delta - \left(\frac{1}{6}a^2\pi - A_\Delta\right) = A_\Delta - \frac{1}{6}a^2\pi + A_\Delta$$
$$= 2\cdot A_\Delta - \frac{1}{6}a^2\pi = 2\cdot\frac{1}{2}\cdot a\cdot\frac{a}{2}\sqrt{3} - \frac{1}{6}a^2\pi$$
$$= \frac{a^2}{2}\sqrt{3} - \frac{1}{6}a^2\pi = \left(\frac{1}{2}\sqrt{3} - \frac{1}{6}\pi\right)\cdot a^2 \approx 0{,}34\cdot a^2$$

$u_{Schr} = 3\cdot\frac{1}{6}\cdot 2a\pi = a\pi$ ($\hat{=}$ Umfang eines Halbkreises mit Radius a)

c) Wenn man von der Halbkreisfläche mit dem Radius a den Viertelkreis mit dem Radius $a\sqrt{2}$ subtrahiert, hat man das Dreieck ABC zu viel abgezogen, d. h.

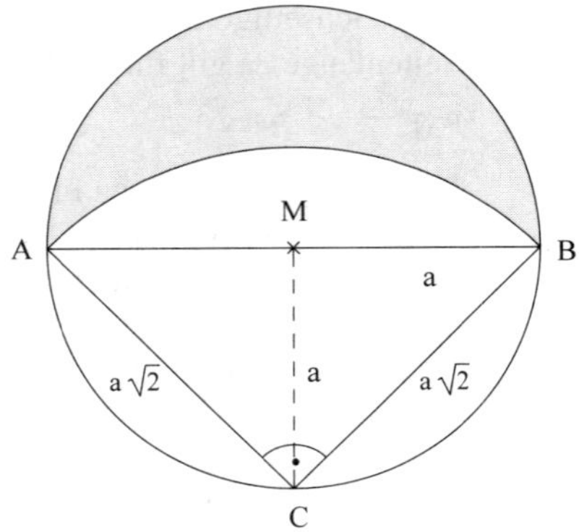

$$A_{Schr} = \tfrac{1}{2}a^2\pi - \tfrac{1}{4}(a\sqrt{2})^2\pi + A_\Delta$$
$$= \tfrac{1}{2}a^2\pi - \tfrac{1}{2}a^2\pi + A_\Delta = A_\Delta$$

Die farblich schraffierte Fläche ist genauso groß wie die Dreiecksfläche.

$$A_{Schr} = A_\Delta = \tfrac{1}{2}\cdot 2a\cdot a = a^2$$

$$u_{Schr} = \tfrac{1}{2}\cdot 2a\pi + \tfrac{1}{4}\cdot 2\cdot a\sqrt{2}\pi = a\pi + \tfrac{a}{2}\sqrt{2}\pi = a\pi\left(1+\tfrac{1}{2}\sqrt{2}\right) \approx 5{,}36a$$

d) Die farblich schraffierte Fläche setzt sich zusammen aus einem Halbkreis mit dem Radius a sowie aus zwei Flächen, die man erhält, wenn man von einem Quadrat mit der Seite a einen Viertelkreis mit Radius a subtrahiert.

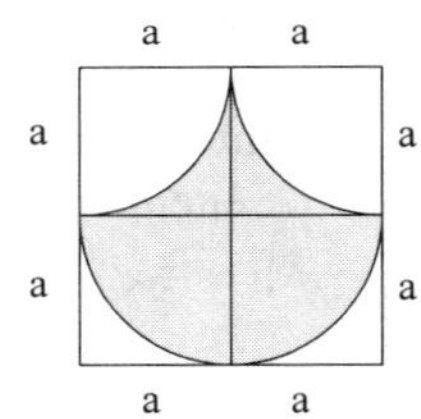

$$A_{Schr} = \tfrac{1}{2}a^2\pi + 2\cdot\left(a^2 - \tfrac{1}{4}a^2\pi\right)$$
$$= \tfrac{1}{2}a^2\pi + 2a^2 - \tfrac{1}{2}a^2\pi = 2a^2$$

oder: Die Flächen, die durch den Halbkreis in den unteren beiden Quadraten abgeschnitten werden, kommen oben wieder dazu $\Rightarrow A = 2a^2$
$u_{Schr} = 2a\pi$, weil sich die vier Viertelkreise zu einem Kreis mit Radius a zusammensetzen lassen.

e) Die beiden oberen farblich schraffierten Flächen ergänzen sich zu einem Quadrat mit der Seitenlänge a. Es kommt noch ein Dreieck (halbes Quadrat) sowie ein Halbkreis mit dem Radius $\frac{a}{2}$ dazu.

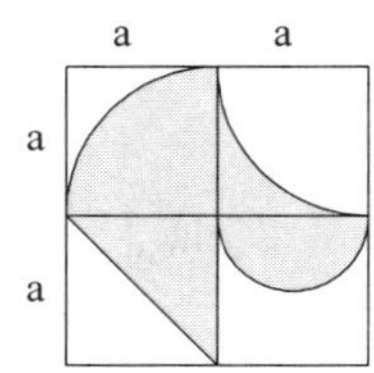

$$A_{Schr} = a^2 + \frac{1}{2}a^2 + \frac{1}{2}\left(\frac{a}{2}\right)^2\pi$$
$$= a^2 + \frac{1}{2}a^2 + \frac{1}{8}a^2\pi = \frac{3}{2}a^2 + \frac{1}{8}a^2\pi = \left(\frac{3}{2} + \frac{1}{8}\pi\right)a^2 \approx 1{,}89a^2$$
$$u_{Schr} = 2 \cdot \frac{1}{4} \cdot 2a\pi + a\sqrt{2} + \frac{1}{2} \cdot 2 \cdot \left(\frac{a}{2}\right)\pi = a\pi + a\sqrt{2} + \frac{a}{2}\pi$$
$$= \frac{3a}{2}\pi + a\sqrt{2} = \left(\frac{3}{2}\pi + \sqrt{2}\right)a \approx 6{,}13a$$

f) Die Hälfte jeder dieser vier farblich schraffierten Flächen erhält man, wenn man von einem Viertelkreis mit Radius a das rechtwinklige Dreieck mit den Katheten a subtrahiert.

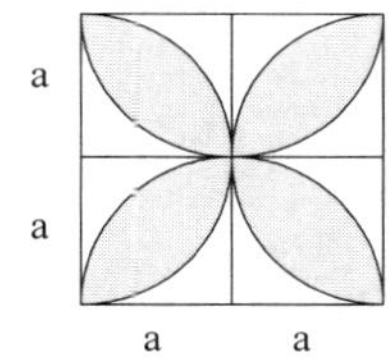

$$A_{Schr} = 8 \cdot \left(\frac{1}{4} \cdot a^2\pi - \frac{1}{2}a^2\right) = 2a^2\pi - 4a^2$$
$$= (2\pi - 4)\,a^2 \approx 2{,}28a^2$$
$$u_{Schr} = 8 \cdot \frac{1}{4} \cdot 2a\pi = 4a\pi$$

(Die acht Viertelkreisbogen setzen sich zu zwei vollen Kreisen zusammen.)

g) Die farblich schraffierte Fläche setzt sich zusammen aus einem Viertelkreis mit Radius a, einem halben Quadrat sowie einer Fläche, die sich als Differenz eines Viertelkreises mit Radius a und eines Halbkreises mit Radius $\frac{a}{2}$ ergibt.

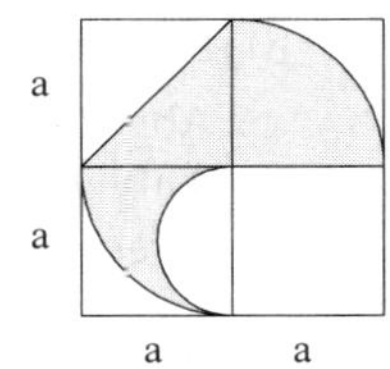

$$A_{Schr} = \frac{1}{4}a^2\pi + \frac{1}{2}a^2 + \frac{1}{4}a^2\pi - \frac{1}{2} \cdot \left(\frac{a}{2}\right)^2\pi$$
$$= \frac{1}{4}a^2\pi + \frac{1}{2}a^2 + \frac{1}{4}a^2\pi - \frac{1}{8}a^2\pi = \frac{3}{8}a^2\pi + \frac{1}{2}a^2$$
$$= \left(\frac{3}{8}\pi + \frac{1}{2}\right)a^2 \approx 1{,}68a^2$$
$$u_{Schr} = \frac{1}{4} \cdot 2a\pi + a\sqrt{2} + \frac{1}{4} \cdot 2a\pi + \frac{1}{2} \cdot 2 \cdot \frac{a}{2}\pi$$
$$= \frac{1}{2}a\pi + a\sqrt{2} + \frac{1}{2}a\pi + \frac{1}{2}a\pi = \frac{3}{2}a\pi + a\sqrt{2}$$
$$= \left(\frac{3}{2}\pi + \sqrt{2}\right)a \approx 6{,}13a$$

h) Die beiden oberen Flächen ergänzen sich zu einem Quadrat mit der Seitenlänge a. Es kommen ein Viertelkreis mit Radius a sowie ein Halbkreis mit Radius $\frac{a}{2}$ dazu.

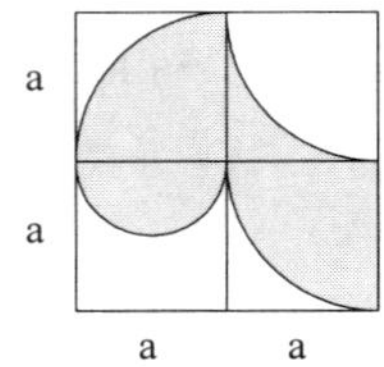

$$A_{Schr} = a^2 + \frac{1}{4}a^2\pi + \frac{1}{2}\cdot\left(\frac{a}{2}\right)^2\pi$$
$$= a^2 + \frac{1}{4}a^2\pi + \frac{1}{8}a^2\pi = a^2 + \frac{3}{8}a^2\pi$$
$$= \left(1+\frac{3}{8}\pi\right)a^2 \approx 2{,}18a^2$$

$$u_{Schr} = 3\cdot\frac{1}{4}\cdot 2a\pi + \frac{1}{2}\cdot 2\cdot\frac{a}{2}\pi = \frac{3}{2}a\pi + \frac{a}{2}\pi = 2a\pi$$

29. a) $A_{Schr} = a^2$

$u_{Schr} = 4a$

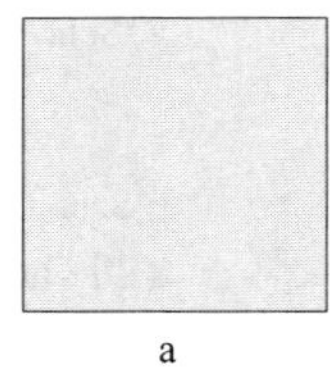

b) Der Kreis hat den Radius $\frac{a}{2}\sqrt{2}$.
Abgezogen werden die vier Flächen, die in Aufgabe 28 f (jetzt allerdings mit Radius $\frac{a}{2}$) berechnet wurden.

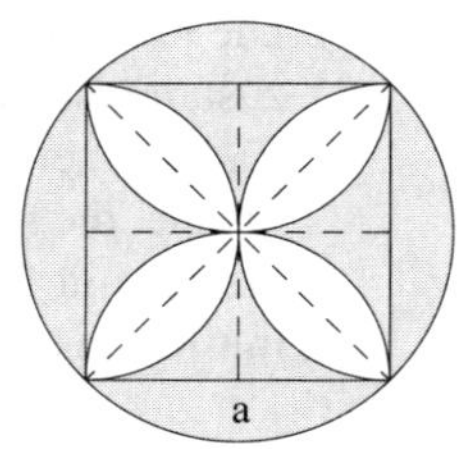

$$A_{Schr} = \left(\frac{a}{2}\sqrt{2}\right)^2\pi - \frac{2a^2\pi}{4} + \frac{4a^2}{4}$$
$$= \frac{a^2}{2}\pi - \frac{a^2}{2}\pi + a^2 = a^2$$

Die Fläche ist genauso groß wie die Quadratfläche in Teilaufgabe a.

$$u_{Schr} = 2\cdot\frac{a}{2}\sqrt{2}\pi + 8\cdot\frac{1}{4}\cdot 2\cdot\frac{a}{2}\pi = a\sqrt{2}\pi + 2a\pi$$
$$= a\pi\,(\sqrt{2} + 2) \approx 10{,}73a$$

c) Die Diagonalen der kleinen Quadrate sind $\frac{a}{2}\sqrt{2}$. Zu dem Quadrat in der Mitte mit der Kantenlänge $\frac{a}{2}\sqrt{2}$ kommen vier Halbkreise mit den Radien $\frac{a}{4}\sqrt{2}$. Davon abgezogen werden zwei Flächen wie in Aufgabe 28 f (jetzt allerdings mit dem Radius $\frac{a}{2}$).

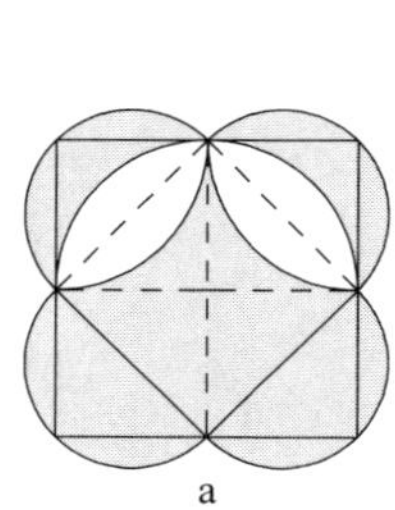

$$A_{Schr} = \left(\frac{a}{2}\sqrt{2}\right)^2 + 4\cdot\frac{1}{2}\left(\frac{a}{4}\sqrt{2}\right)^2\pi - \frac{a^2\pi}{2} + \frac{a^2}{2}$$
$$= \frac{a^2}{2} + \frac{a^2\pi}{2} - \frac{a^2\pi}{a} + \frac{a^2}{2} = a^2$$

Die Fläche ist genauso groß wie die Quadratfläche in Teilaufgabe a.

$$u_{Schr} = 4\cdot\frac{1}{2}\cdot 2\cdot\frac{a}{2}\sqrt{2}\pi + 4\cdot\frac{1}{4}\cdot 2\cdot\frac{a}{2}\pi = 2a\sqrt{2}\pi + a\pi = a\pi\,(2\sqrt{2}+1)$$
$$\approx 12{,}03a$$

30. a) Die farblich schraffierte Fläche ist genauso groß wie das gestrichelte Quadrat, da die beiden abgeschnittenen Segmente oben wieder angesetzt sind.

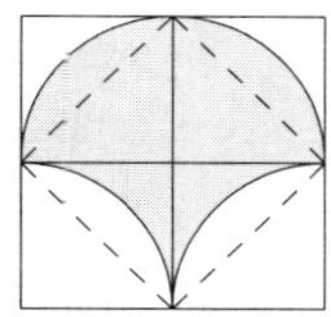

Für die Seitenlänge des Quadrates gilt:

$a' = \frac{a}{2}\sqrt{2}$

$A_{Schr} = a'^2 = \frac{1}{2}a^2$

Die vier Viertelkreisbogen setzen sich zu einem Kreis mit Radius $\frac{a}{2}$ zusammen.

$u_{Schr} = 2\cdot\frac{a}{2}\pi = a\pi$

b) Die Länge der Diagonalen in einem kleinen Quadrat ist wieder $\frac{a}{2}\sqrt{2}$.

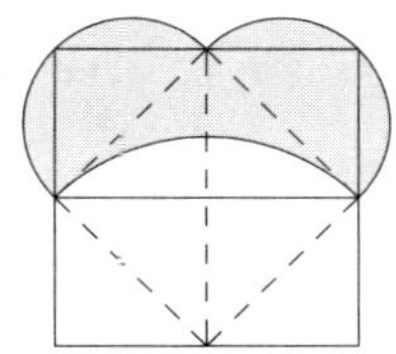

Die farblich schraffierte Fläche setzt sich zusammen aus den beiden Halbkreisen mit dem Radius $\frac{a}{4}\sqrt{2}$ über den Diagonalen der beiden oberen Quadraten sowie aus dem inneren Quadrat mit der Seitenlänge $\frac{a}{2}\sqrt{2}$, aus dem aber ein Viertelkreis mit dem Radius $\frac{a}{2}\sqrt{2}$ herausgenommen ist.

$$A_{Schr} = 2\cdot\frac{1}{2}\cdot\left(\frac{a}{4}\sqrt{2}\right)^2\pi + \left(\frac{a}{2}\sqrt{2}\right)^2 - \frac{1}{4}\cdot\left(\frac{a}{2}\sqrt{2}\right)^2\pi$$
$$= \frac{a^2}{8}\pi + \frac{1}{2}a^2 - \frac{a^2}{8}\pi = \frac{1}{2}a^2$$

Die Fläche ist genau so groß wie die in der Teilaufgabe a.

Der Umfang setzt sich aus den beiden Halbkreisbogen und dem Viertelkreis zusammen.

$$u_{Schr} = 2\cdot\frac{1}{2}\cdot 2\cdot\frac{a}{4}\sqrt{2}\pi + \frac{1}{4}\cdot 2\cdot\frac{a}{2}\sqrt{2}\pi = \frac{a}{2}\sqrt{2}\pi + \frac{a}{4}\sqrt{2}\pi$$

$$= \frac{3a}{4}\sqrt{2}\pi \approx 3{,}33a$$

c) Die farblich schraffierte Fläche setzt sich zusammen aus den beiden Halbkreisen mit den Radien $\frac{a}{4}\sqrt{2}$ sowie einem Viertelkreis mit dem Radius $\frac{a}{2}\sqrt{2}$, aus dem zwei Flächen wie in Aufgabe 28 f herausgenommen sind (Quadratseite jetzt aber $\frac{a}{2}$!)

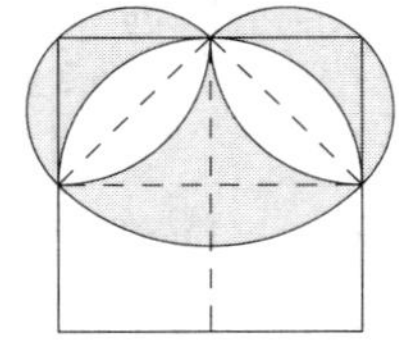

$$A_{Schr} = 2\cdot\frac{1}{2}\cdot\left(\frac{a}{4}\sqrt{2}\right)^2\pi + \frac{1}{4}\cdot\left(\frac{a}{2}\sqrt{2}\right)^2\pi - (\pi - 2)\left(\frac{a}{2}\right)^2 =$$

$$= \frac{a^2}{8}\pi + \frac{a^2}{8}\pi - \frac{a^2}{4}\pi + \frac{1}{2}a^2 = \frac{1}{2}a^2$$

Die Fläche ist genauso groß wie die in der Teilaufgabe a.

Der Umfang setzt sich aus den beiden Halbkreisbogen mit dem Radius $\frac{a}{4}\sqrt{2}$, dem Viertelkreisbogen mit dem Radius $\frac{a}{2}\sqrt{2}$ sowie den vier Viertelkreisbogen mit den Radien $\frac{a}{2}$ zusammen.

$$u_{Schr} = 2\cdot\frac{1}{2}\cdot 2\cdot\frac{a}{4}\sqrt{2}\pi + \frac{1}{4}\cdot 2\cdot\frac{a}{2}\sqrt{2}\pi + 4\cdot\frac{1}{4}\cdot 2\cdot\frac{a}{2}\pi$$

$$= \frac{a}{2}\sqrt{2}\pi + \frac{a}{4}\sqrt{2}\pi + a\pi = a\pi\left(\frac{3}{4}\sqrt{2} + 1\right) \approx 6{,}47a$$

31. a) Die Fläche setzt sich zusammen aus dem inneren Quadrat mit der Seitenlänge $\frac{a}{2}\sqrt{2}$, zu dem zwei Halbkreise mit den Radien $\frac{a}{4}\sqrt{2}$ addiert und von dem die beiden Viertelkreissegmente mit den Radien $\frac{a}{2}$ subtrahiert werden.

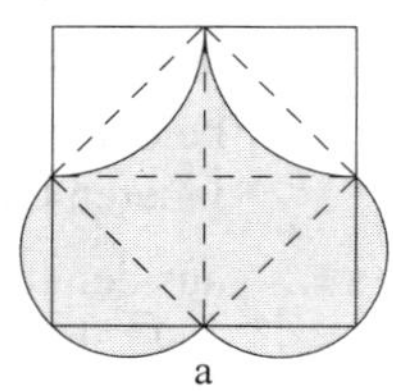

$$A_{Schr} = \left(\tfrac{a}{2}\sqrt{2}\right)^2 + 2\cdot\tfrac{1}{2}\cdot\left(\tfrac{a}{4}\sqrt{2}\right)^2\pi - 2\left(\tfrac{1}{4}\left(\tfrac{a}{2}\right)^2\pi - \tfrac{1}{2}\cdot\tfrac{a}{2}\cdot\tfrac{a}{2}\right)$$

$$= \tfrac{1}{2}a^2 + \tfrac{a^2}{8}\pi - \tfrac{a^2}{8}\pi + \tfrac{1}{4}a^2 = \tfrac{3}{4}a^2$$

$$u_{Schr} = 2\cdot\tfrac{1}{2}\cdot 2\cdot\tfrac{a}{4}\sqrt{2}\pi + 2\cdot\tfrac{1}{4}\cdot 2\cdot\tfrac{a}{2}\pi = \tfrac{a}{2}\sqrt{2}\pi + \tfrac{a}{2}\pi$$

$$= \tfrac{a}{2}\pi\,(\sqrt{2}+1) \approx 3{,}79a$$

b) Die farblich schraffierte Fläche setzt sich zusammen aus den beiden Viertelkreisen mit dem Radius $\frac{a}{2}$ sowie den beiden unteren Quadraten mit der Seitenlänge $\frac{a}{2}$, aus dem vier Viertelkreissegmenten mit den Radien $\frac{a}{4}\sqrt{2}$ subtrahiert werden.

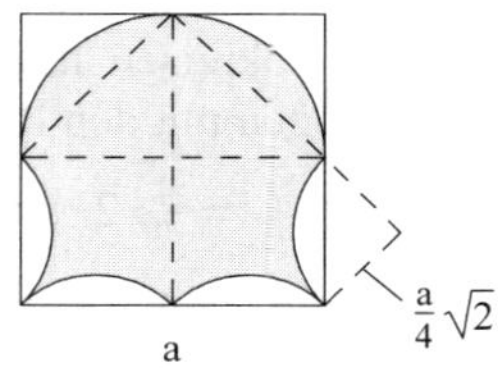

$$A_{Schr} = 2\cdot\tfrac{1}{4}\left(\tfrac{a}{2}\right)^2\pi + 2\cdot\left(\tfrac{a}{2}\right)^2 - 4\cdot\left(\tfrac{1}{4}\left(\tfrac{a}{4}\sqrt{2}\right)^2\pi - \tfrac{1}{2}\cdot\tfrac{a}{4}\sqrt{2}\cdot\tfrac{a}{4}\sqrt{2}\right)$$

$$= \tfrac{a^2}{8}\pi + \tfrac{1}{2}a^2 - \tfrac{a^2}{8}\pi + \tfrac{1}{4}a^2 = \tfrac{3}{4}a^2$$

Die Fläche stimmt mit der aus Teilaufgabe a überein.

$$U_{Schr} = 2\cdot\tfrac{1}{4}\cdot 2\cdot\tfrac{a}{2}\pi + 4\cdot\tfrac{1}{4}\cdot 2\cdot\tfrac{a}{4}\sqrt{2}\pi = \tfrac{a}{2}\pi + \tfrac{a}{2}\sqrt{2}\pi = \tfrac{a}{2}\pi\,(1+\sqrt{2})$$

$$\approx 3{,}79a$$

Auch der Umfang stimmt mit der Figur aus Teilaufgabe a überein.

c) Die farblich schraffierte Fläche setzt sich zusammen aus den beiden Viertelkreisen in den beiden oberen Quadraten mit den Radien $\frac{a}{2}$, aus dem halben Quadrat mit der Seitenlänge $\frac{a}{2}\sqrt{2}$, aus den beiden Halbkreisen mit den Radien $\frac{a}{4}\sqrt{2}$, von denen dann die beiden Viertelkreissegmente (mit den Radien $\frac{a}{2}\sqrt{2}$) subtrahiert werden.

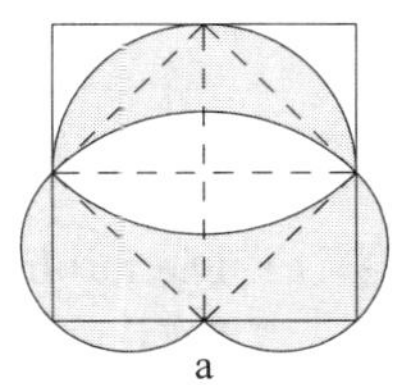

$$A_{Schr} = 2\cdot\frac{1}{4}\left(\frac{a}{2}\right)^2\pi+\frac{1}{2}\cdot\left(\frac{a}{2}\sqrt{2}\right)^2+2\cdot\frac{1}{2}\left(\frac{a}{4}\sqrt{2}\right)^2\pi-$$
$$-2\cdot\left(\frac{1}{4}\left(\frac{a}{2}\sqrt{2}\right)^2\pi-\frac{1}{2}\cdot\frac{a}{2}\sqrt{2}\cdot\frac{a}{2}\sqrt{2}\right)$$
$$=\frac{a^2}{8}\pi+\frac{a^2}{4}+\frac{a^2}{8}\pi-\frac{a^2}{4}\pi+\frac{a^2}{2}=\frac{3}{4}a^2$$

Die Fläche stimmt wieder mit der aus Teilaufgabe a überein.

Der Umfang setzt sich aus dem Halbkreis mit dem Radius $\frac{a}{2}$, den beiden Halbkreisen mit den Radien $\frac{a}{4}\sqrt{2}$ sowie aus den beiden Viertelkreisbögen mit den Radien $\frac{a}{2}\sqrt{2}$ zusammen.

$$u_{Schr} = \frac{1}{2}\cdot 2\cdot\frac{a}{2}\pi+2\cdot\frac{1}{2}\cdot 2\cdot\frac{a}{4}\sqrt{2}\pi+2\cdot\frac{1}{4}\cdot 2\cdot\frac{a}{2}\sqrt{2}\pi$$
$$=\frac{a}{2}\pi+\frac{a}{2}\sqrt{3}\pi+\frac{a}{2}\sqrt{2}\pi=\frac{a}{2}\pi+a\sqrt{2}\pi = \frac{a}{2}\pi\,(1+2\sqrt{2}) \approx 6{,}01a$$

32. a) $A_{Schr} = \left(\frac{a}{2}\right)^2\pi=\frac{a^2}{4}\pi$

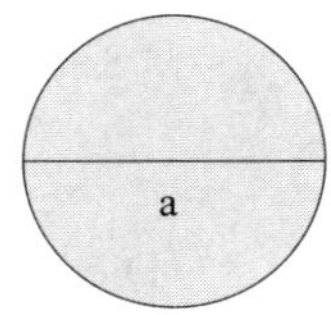

$u_{Schr} = 2\cdot\frac{a}{2}\pi = a\pi$

b) $A_{Schr} = \frac{1}{4}\cdot a^2\pi=\frac{a^2}{4}\pi$

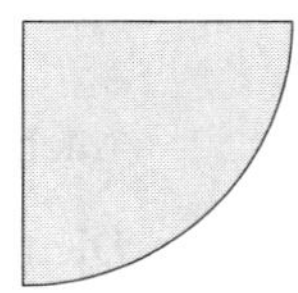

(Gleiche Fläche wie in Teilaufgabe a)

$$u_{Schr} = \frac{1}{4}\cdot 2a\pi+2a=\frac{a}{2}\pi+2a$$
$$=\left(\frac{\pi}{2}+2\right)a \approx 3{,}57a$$

c) Die farblich schraffierte Fläche setzt sich zusammen aus den beiden Halbkreisen mit den Radien $\frac{a}{4}\sqrt{2}$ sowie dem Viertelkreis mit dem Radius $\frac{a}{2}\sqrt{2}$.

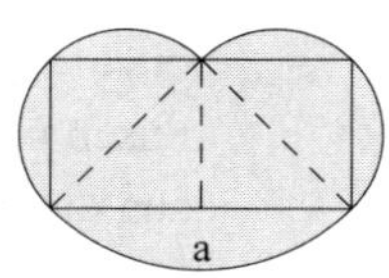

$$A_{Schr} = 2\cdot\frac{1}{2}\left(\frac{a}{4}\sqrt{2}\right)^2\pi+\frac{1}{4}\cdot\left(\frac{a}{2}\sqrt{2}\right)^2\pi$$
$$=\frac{a^2}{8}\pi+\frac{a^2}{8}\pi=\frac{a^2}{4}\pi \text{ (Gleiche Fläche wie in Teilaufgabe a)}$$

$$u_{Schr} = 2 \cdot \frac{1}{2} \cdot 2 \cdot \frac{a}{4}\sqrt{2}\pi + \frac{1}{4} \cdot 2 \cdot \frac{a}{2}\sqrt{2}\pi = \frac{a}{2}\sqrt{2}\pi + \frac{a}{4}\sqrt{2}\pi$$
$$= \frac{3}{4}a\sqrt{2}\pi \approx 3{,}33a$$

33.

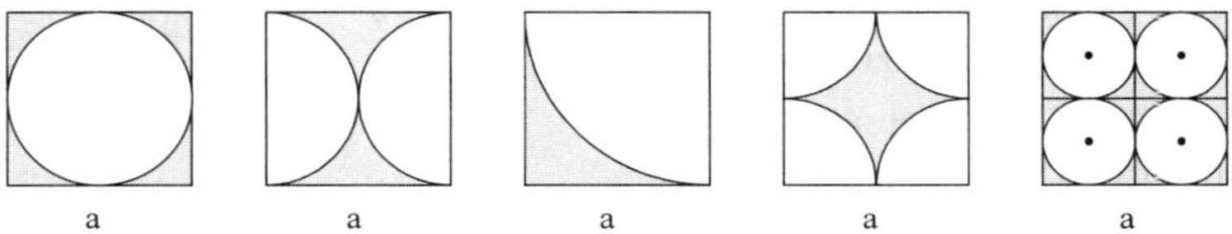

(1) (2) (3) (4) (5)

Figur (1): $A = a^2 - \left(\frac{a}{2}\right)^2 \pi = a^2 - \frac{a^2}{4}\pi = \left(1 - \frac{\pi}{4}\right)a^2$

Figur (2): $A = a^2 - 2 \cdot \frac{1}{2} \cdot \left(\frac{a}{2}\right)^2 \pi = a^2 - \frac{a^2}{4}\pi = \left(1 - \frac{\pi}{4}\right)a^2$

Figur (3): $A = a^2 - \frac{1}{4} \cdot a^2\pi = a^2 - \frac{a^2}{4}\pi = \left(1 - \frac{\pi}{4}\right)a^2$

Figur (4): $A = a^2 - 4 \cdot \frac{1}{4} \cdot \left(\frac{a}{2}\right)^2 \pi = a^2 - \frac{a^2}{4}\pi = \left(1 - \frac{\pi}{4}\right)a^2$

Figur (5): $A = a^2 - 4 \cdot \left(\frac{a}{4}\right)^2 \pi = a^2 - \frac{a^2}{4}\pi = \left(1 - \frac{1}{4}\right) a^2$

Alle fünf Flächeninhalte sind gleich groß, nämlich $A = \left(1 - \frac{\pi}{4}\right)a^2 \approx 0{,}21a^2$

34. a) Von den vier Halbkreisen über den Quadratseiten subtrahiert man den Kreis mit dem Radius $\frac{a}{2}\sqrt{2}$.
Dann hat man die Fläche des Quadrates zu viel subtrahiert, d. h. man muss sie wieder dazuaddieren.

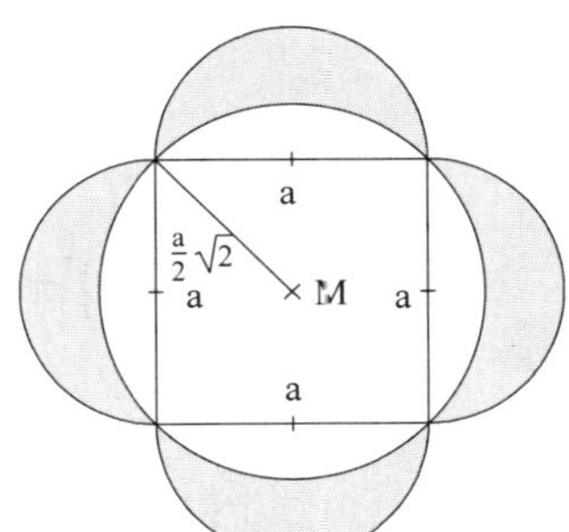

$$A_{Schr} = 4 \cdot \frac{1}{2} \cdot \left(\frac{a}{2}\right)^2 \pi - \left(\frac{a}{2}\sqrt{2}\right)^2 \pi + A_Q$$
$$= \frac{a^2}{2}\pi - \frac{a^2}{2}\pi + A_Q = A_Q = a^2$$

Die Fläche der vier Möndchen ist genauso groß wie die Fläche des Quadrates.

b) Subtrahiert man von den Halbkreisen über den Katheten a und b den Halbkreis über der Hypotenuse c, dann hat man die Fläche des Dreiecks zu viel subtrahiert, d. h. man muss sie wieder dazuzählen.

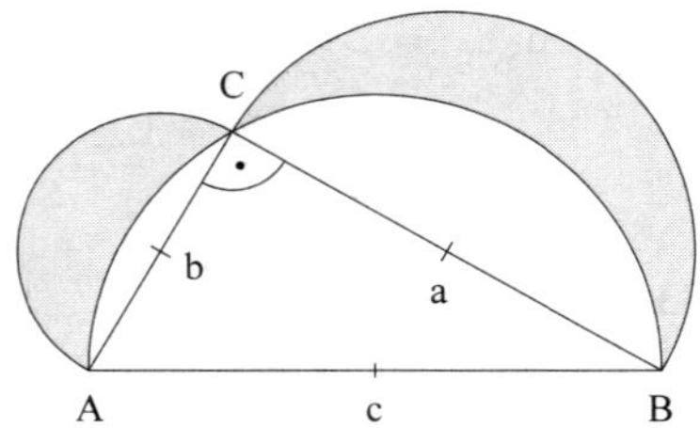

Beachte: Da das Dreieck ABC bei C rechtwinklig ist, gilt der Satz des Pythagoras $a^2 + b^2 = c^2$

$$A_{Schr} = \frac{1}{2}\cdot\left(\frac{a}{2}\right)^2\pi + \frac{1}{2}\cdot\left(\frac{b}{2}\right)^2\pi - \frac{1}{2}\cdot\left(\frac{c}{2}\right)^2\pi + A_\Delta = \frac{a^2\pi}{8} + \frac{b^2\pi}{8} - \frac{c^2\pi}{8} + A_\Delta$$

$$= \frac{\pi}{8}\underbrace{(a^2 + b^2 - c^2)}_{0} + A_\Delta = A_\Delta$$

Die farblich schraffierte Fläche der beiden Möndchen ist so groß wie die Fläche des Dreiecks ABC.

c) Da C auf dem Thaleskreis über [AB] liegt, ist das Dreieck ABC rechtwinklig. Dort gilt der Höhensatz:
$h^2 = p \cdot q$ mit $c = p + q$

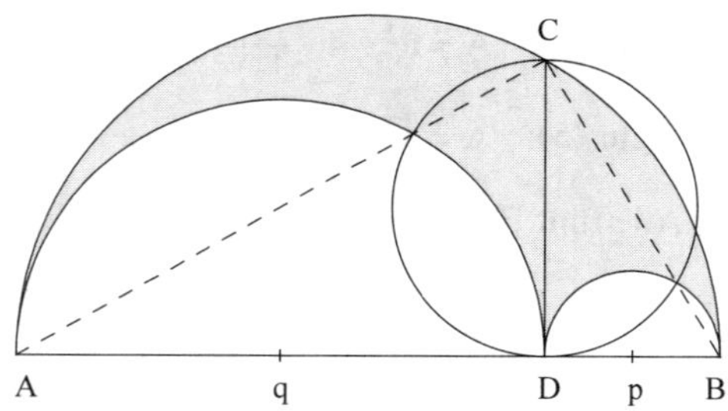

$$A_{Schr} = \frac{1}{2}\left(\frac{c}{2}\right)^2\pi - \frac{1}{2}\left(\frac{p}{2}\right)^2\pi - \frac{1}{2}\left(\frac{q}{2}\right)^2\pi$$

$$= \frac{1}{2}\left(\frac{p+q}{2}\right)^2\pi - \frac{1}{2}\left(\frac{p}{2}\right)^2\pi - \frac{1}{2}\left(\frac{q}{2}\right)^2\pi$$

$$= \frac{1}{8}\pi\,(p^2 + 2pq + q^2 - p^2 - q^2) = \frac{pq}{4}\pi$$

$$A_{Kr} = \left(\frac{h}{2}\right)^2\pi = \frac{h^2}{4}\pi = \frac{pq}{4}\pi \;\Rightarrow\; A_{Schr} = A_{Kr}$$

d) Zum Dreieck ABC wird das Segment über c addiert und die beiden anderen Segmente über a bzw. b subtrahiert.
Ein Segment erhält man, wenn man vom Viertelkreis das rechtwinklig gleichschenklige Dreieck subtrahiert.

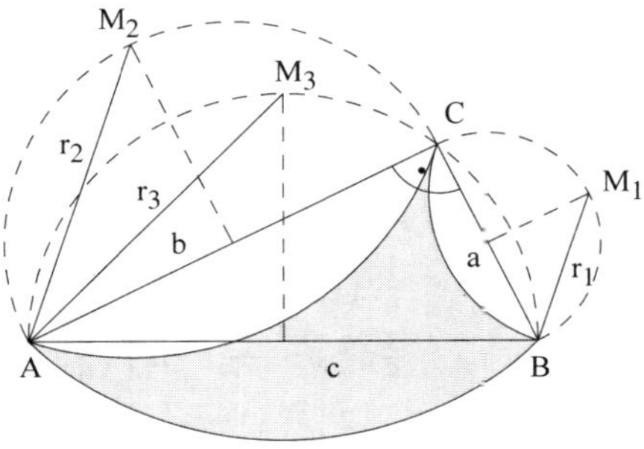

Für die Radien gilt:
$r_1 = \frac{a}{2}\sqrt{2}$, $r_2 = \frac{b}{2}\sqrt{2}$, $r_3 = \frac{c}{2}\sqrt{3}$.
Im rechtwinkligen Dreieck ABC gilt der Satz des Pythagoras
$a^2 + b^2 = c^2$.

$$\begin{aligned} A_{Schr} &= A_\Delta + \left(\tfrac{1}{4}\left(\tfrac{c}{2}\sqrt{2}\right)^2\pi - \tfrac{1}{2}\cdot\tfrac{c}{2}\sqrt{2}\cdot\tfrac{c}{2}\sqrt{2}\right) \\ &\quad -\left(\tfrac{1}{4}\left(\tfrac{a}{2}\sqrt{2}\right)^2\pi - \tfrac{1}{2}\cdot\tfrac{a}{2}\sqrt{2}\cdot\tfrac{a}{2}\sqrt{2}\right) \\ &\quad -\left(\tfrac{1}{4}\left(\tfrac{b}{2}\sqrt{2}\right)^2\pi - \tfrac{1}{2}\cdot\tfrac{b}{2}\sqrt{2}\cdot\tfrac{b}{2}\sqrt{2}\right) \\ &= A_\Delta + \tfrac{c^2}{8}\pi - \tfrac{c^2}{4} - \tfrac{a^2}{8}\pi + \tfrac{a^2}{4} - \tfrac{b^2}{8}\pi + \tfrac{b^2}{4} \\ &= A_\Delta + \tfrac{\pi}{8}\underbrace{(c^2 - a^2 - b^2)}_{0} + \tfrac{1}{4}\underbrace{(a^2 + b^2 - c^2)}_{0} = A_\Delta \end{aligned}$$

Damit ist gezeigt, dass die farblich schraffierte Fläche mit der Dreiecksfläche übereinstimmt.

35. a) Für die Höhe im gleichseitigen Dreieck mit der Seitenlänge s gilt:
$h = \frac{s}{2}\sqrt{3}$.

Da $s = 2a \Rightarrow h = a\sqrt{3}$
Für die Längen $\overline{DF} = \overline{DH}$ gilt:
$\overline{DF} = \overline{DH} = \frac{1}{2}h = \frac{a}{2}\sqrt{3}$

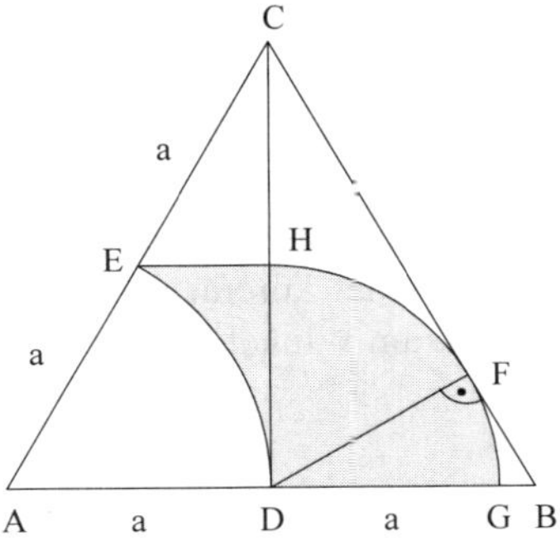

b) Viereck ADHE ist ein Trapez mit den parallelen Seiten a und $\frac{a}{2}$ sowie der Höhe $\overline{DH} = \frac{a}{2}\sqrt{3}$. Aus diesem Trapez wird der Sechstelkreis um A herausgenommen.

Dazu kommt der Viertelkreis um D mit Radius $\frac{a}{2}\sqrt{3} = \overline{DH}$ (siehe Teilaufgabe a).

$$A_{Schr} = \frac{1}{2}\cdot\left(a+\frac{a}{2}\right)\cdot\frac{a}{2}\sqrt{3} - \frac{1}{6}a^2\pi + \frac{1}{4}\cdot\left(\frac{a}{2}\sqrt{3}\right)^2\pi$$

$$= \frac{3}{8}a^2\sqrt{3} - \frac{1}{6}a^2\pi + \frac{3}{16}a^2\pi = \frac{3}{8}a^2\sqrt{3} - \frac{8}{48}a^2\pi + \frac{9}{48}a^2\pi$$

$$= \frac{3}{8}a^2\sqrt{3} + \frac{a^2}{48}\pi = \left(\frac{3}{8}\sqrt{3} + \frac{\pi}{48}\right)a^2 \approx 0{,}71a^2$$

36. a) Wegen der Symmetrie der Figur bilden die drei Punkte A, B und C ein gleichseitiges Dreieck mit der Seitenlängen s = 2r und mit der Höhe $h = \frac{s}{2}\sqrt{3} = r\sqrt{3}$.

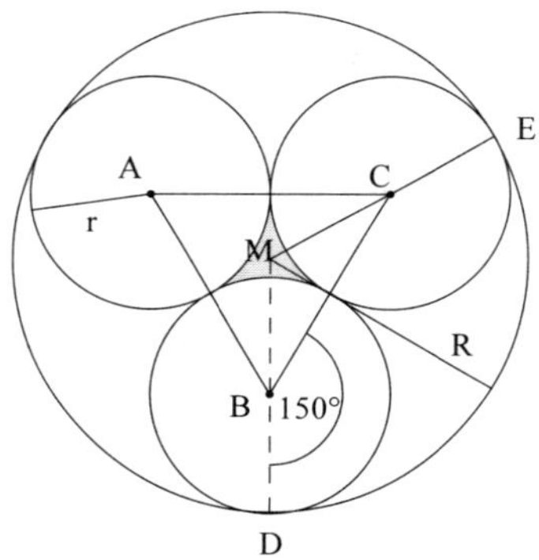

Vom Inhalt des Dreiecks ABC werden drei Sechstelkreise (d. h. ein Halbkreis) mit den Radien r weggenommen.

$$A_{Schr} = \frac{1}{2}\cdot 2r\cdot r\sqrt{3} - 3\cdot\frac{1}{6}r^2\pi$$

$$= r^2\sqrt{3} - \frac{1}{2}r^2\pi$$

$$= \left(\sqrt{3} - \frac{\pi}{2}\right)r^2 \approx 0{,}16r^2$$

b) Zeichnet man R so ein, dass er durch einen Mittelpunkt eines kleinen Kreises verläuft (z. B. $R = \overline{ME}$), so sieht man, dass M die Höhe des gleichseitigen Dreiecks ABC im Verhältnis 2 : 1 teilt:

$$R = r + \frac{2}{3}h = r + \frac{2}{3}\cdot r\sqrt{3} = r\left(1+\frac{2}{3}\sqrt{3}\right)$$

c) Der Mittelpunktswinkel, der zum Bogen $\overset{\frown}{DE}$ gehört, beträgt 120°. Zur Sichel kommen noch zwei Kreisbogen der kleinen Kreise, die jeweils zum Winkel 150° gehören.

$$
\begin{aligned}
u_{Sichel} &= \tfrac{120^\circ}{360^\circ}\cdot 2R\pi + 2\cdot\tfrac{150^\circ}{360^\circ}\cdot 2r\pi = \tfrac{2}{3}R\pi + \tfrac{5}{3}r\pi \\
&= \tfrac{2}{3}r\left(1+\tfrac{2}{3}\sqrt{3}\right)\pi + \tfrac{5}{3}r\pi = \tfrac{2}{3}r\pi + \tfrac{4}{9}r\sqrt{3}\pi + \tfrac{5}{3}r\pi \\
&= \tfrac{7}{3}r\pi + \tfrac{4}{9}r\sqrt{3}\pi = r\pi\left(\tfrac{7}{3}+\tfrac{4}{9}\sqrt{3}\right) \approx 9{,}75r
\end{aligned}
$$

37. a) Der Radius der Kreisbögen ist die Diagonale eines Quadrates mit der Kantenlänge $\frac{a}{2}$, d. h. $d = r = \frac{a}{2}\sqrt{2}$.

b) Die farblich schraffierte Fläche A_1 im Quadrat ABCD setzt sich aus zwei Viertelkreissegmenten zusammen.

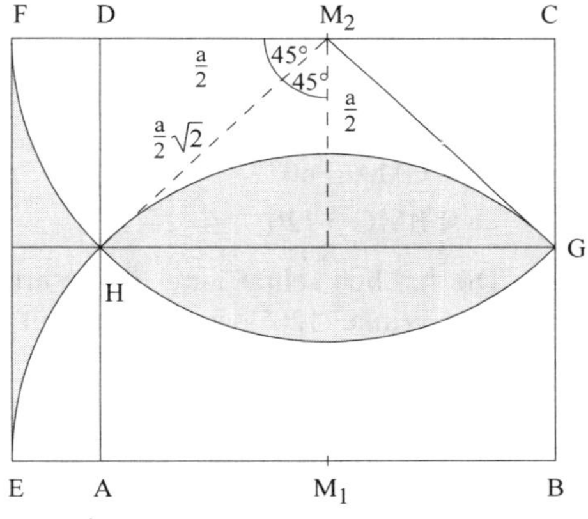

$$
\begin{aligned}
A_1 &= \left(\tfrac{1}{4}\left(\tfrac{a}{2}\sqrt{2}\right)^2\pi - \tfrac{1}{2}\cdot\tfrac{a}{2}\sqrt{2}\cdot\tfrac{a}{2}\sqrt{2}\right)\cdot 2 \\
&= \left(\tfrac{a^2}{8}\pi - \tfrac{a^2}{4}\right)\cdot 2 = \tfrac{a^2}{4}\pi - \tfrac{a^2}{2}
\end{aligned}
$$

Die farblich schraffierte „Schwanzfläche“ A_2 setzt sich aus zwei Flächen zusammen, die man erhält, wenn man vom Rechteck mit den Seiten $\frac{a}{2}$ und $\frac{a}{2}\sqrt{2}$ einen Achtelkreis (45°!) und das halbe Quadrat mit der Seitenlänge a subtrahiert.

$$
\begin{aligned}
A_2 &= \left(\tfrac{a}{2}\cdot\tfrac{a}{2}\sqrt{2} - \tfrac{1}{2}\cdot\left(\tfrac{a}{2}\right)^2 - \tfrac{1}{8}\cdot\left(\tfrac{a}{2}\sqrt{2}\right)^2\pi\right)\cdot 2 \\
&= \left(\tfrac{a^2}{4}\sqrt{2} - \tfrac{a^2}{8} - \tfrac{a^2}{16}\pi\right)\cdot 2 = \tfrac{a^2}{2}\sqrt{2} - \tfrac{a^2}{4} - \tfrac{a^2}{8}\pi
\end{aligned}
$$

$$
\begin{aligned}
A_{Schr} = A_1 + A_2 &= \tfrac{a^2}{4}\pi - \tfrac{a^2}{2} + \tfrac{a^2}{2}\sqrt{2} - \tfrac{a^2}{4} - \tfrac{a^2}{8}\pi \\
&= \tfrac{a^2}{8}\pi + \tfrac{a^2}{2}\sqrt{2} - \tfrac{3}{4}a^2 = a^2\left(\tfrac{\pi}{8} + \tfrac{1}{2}\sqrt{2} - \tfrac{3}{4}\right) \approx 0{,}35a^2
\end{aligned}
$$

Der Umfang setzt sich aus zwei Kreisbögen mit dem Mittelpunktswinkel $90° + 45° = 135°$ sowie der Seite a zusammen.

$$u_{Schr} = 2 \cdot \frac{135°}{360°} \cdot 2 \cdot \frac{a}{2}\sqrt{2}\pi + a = \frac{3}{4}a\sqrt{2}\pi + a = a\left(\frac{3}{4}\sqrt{2}\pi + 1\right) \approx 4{,}33a$$

38. a) ΔABC rechtwinklig und

$\sphericalangle CBA = 30° \Rightarrow \sphericalangle MAC = 60°$

Da das Dreieck AMC gleichschenklig ist, ($\overline{MA} = \overline{MC}$) gilt

$\sphericalangle ACM = 60°$

$\Rightarrow \sphericalangle CMA = 60°$

$\Rightarrow \sphericalangle BMC = 120°$

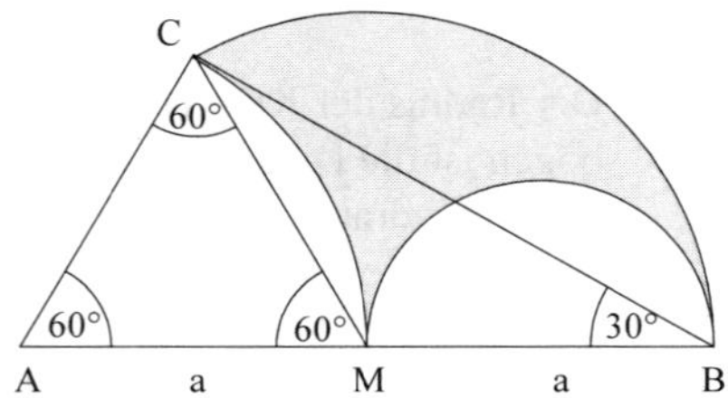

b) Die farblich schraffierte Fläche erhält man, wenn man von dem Sektor zum Winkel 120° das Segment mit dem Winkel 60° sowie den Halbkreis subtrahiert.

$$A_{Schr} = \frac{120°}{360°} \cdot a^2\pi - \left(\frac{1}{6}a^2\pi - \frac{1}{2}a \cdot \frac{a}{2}\sqrt{3}\right) - \frac{1}{2}\left(\frac{a}{2}\right)^2\pi$$

$$= \frac{1}{3}a^2\pi - \frac{1}{6}a^2\pi + \frac{a^2}{4}\sqrt{3} - \frac{1}{8}a^2\pi$$

$$= \frac{8}{24}a^2\pi - \frac{4}{24}a^2\pi - \frac{3}{24}a^2\pi + \frac{a^2}{4}\sqrt{3} = \frac{1}{24}a^2\pi + \frac{a^2}{4}\sqrt{3}$$

$$= a^2\left(\frac{\pi}{24} + \frac{1}{4}\sqrt{3}\right) \approx 0{,}56a^2$$

$$u_{Schr} = \frac{120°}{360°} \cdot 2a\pi + \frac{1}{6} \cdot 2a\pi + \frac{1}{2} \cdot 2 \cdot \frac{a}{2}\pi = \frac{2}{3}a\pi + \frac{1}{3}a\pi + \frac{a}{2}\pi = \frac{3}{2}a\pi$$

39. Die farblich schraffierte Fläche besteht aus dem Segment des Sechstelkreises zum Radius a = 6 cm sowie den beiden Sechstelkreisen mit den Radien $\frac{a}{2} = 3$ cm.

$$A_{Schr} = \frac{1}{6}a^2\pi - \frac{1}{2}a \cdot \frac{a}{2}\sqrt{3} + 2 \cdot \frac{1}{6} \cdot \left(\frac{a}{2}\right)^2\pi$$

$$= \frac{1}{6}a^2\pi - \frac{a^2}{4}\sqrt{3} + \frac{a^2}{12}\pi$$

$$= \frac{a^2}{4}\pi - \frac{a^2}{4}\sqrt{3} = \frac{a^2}{4}(\pi - \sqrt{3})$$

$$\approx 12{,}69 \text{ cm}^2$$

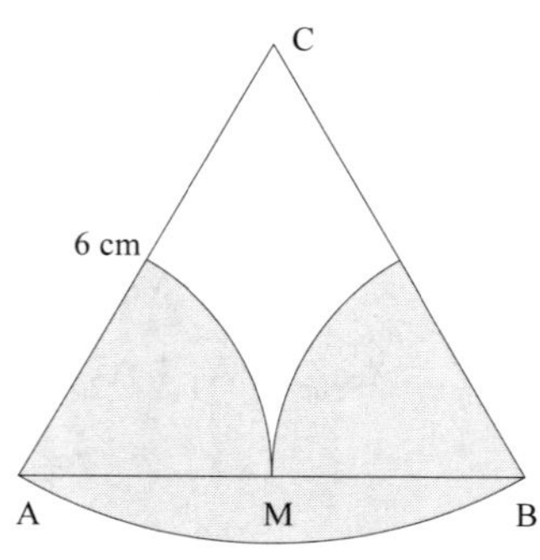

$$u_{Schr} = \frac{1}{6}\cdot 2\cdot a\pi + 2\cdot\frac{1}{6}\cdot 2\cdot\frac{a}{2}\pi = \frac{1}{3}a\pi + \frac{1}{3}a\pi$$
$$= \frac{2}{3}a\pi \approx 12{,}57\text{ cm}$$

40. a) Im rechtwinkligen Dreieck ADC gilt:
$h^2 = (2a)^2 - a^2 = 4a^2 - a^2 = 3a^2$
$\Rightarrow h = a\sqrt{3} = \overline{CD}$
$A_\Delta = \frac{1}{2}\cdot 2a\cdot a\sqrt{3} = a^2\sqrt{3}$

b) $A_{Schr} = \frac{1}{2}\cdot a^2\pi + \left(A_\Delta - \frac{1}{6}\cdot(a\sqrt{3})^2\pi\right)$

$= a^2\pi + A_\Delta - \frac{1}{2}a^2\pi = A_\Delta \Rightarrow$

$A_{Schr} = A_\Delta$

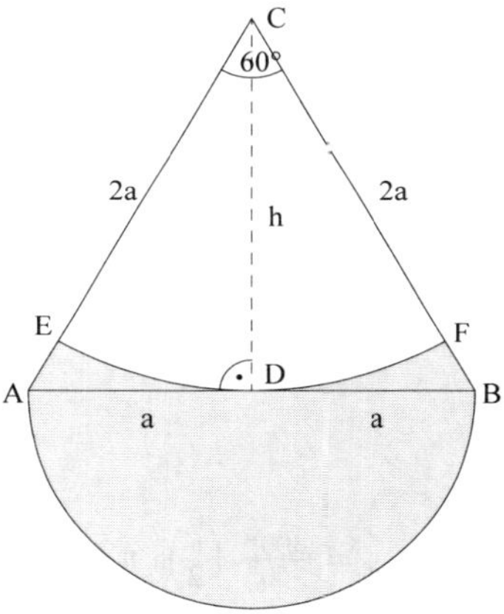

41. Die farblich schraffierte Fläche setzt sich zusammen aus dem Halbkreis mit Radius $\frac{a}{2}\sqrt{2}$ sowie dem rechtwinkligen Dreieck ABC, aus dem die beiden Sechstelkreise mit den Radien $\frac{a}{2}$ und der Viertelkreis mit Radius $\frac{a}{2}$ herausgenommen sind.

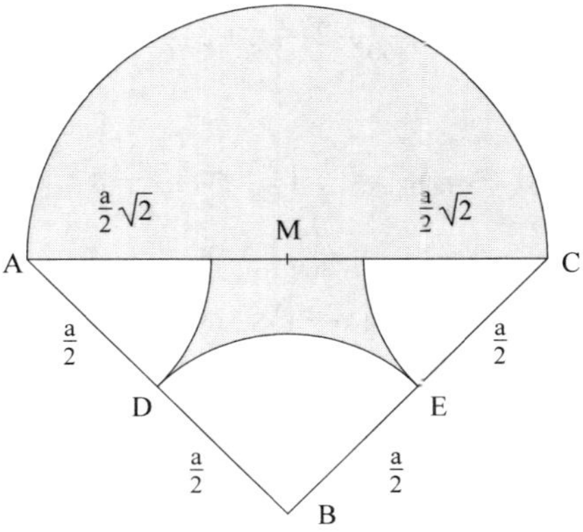

$$A_{Schr} = \frac{1}{2}\cdot\left(\frac{a}{2}\sqrt{2}\right)^2\pi + \frac{1}{2}\cdot a\cdot a - 2\cdot\frac{1}{6}\cdot\left(\frac{a}{2}\right)^2\pi - \frac{1}{4}\cdot\left(\frac{a}{2}\right)^2\pi$$
$$= \frac{a^2}{4}\pi + \frac{1}{2}a^2 - \frac{a^2}{12}\pi - \frac{a^2}{16}\pi = \frac{12}{48}a^2\pi - \frac{4}{48}a^2\pi - \frac{3}{48}a^2\pi + \frac{1}{2}a^2$$
$$= \frac{5}{48}a^2\pi + \frac{1}{2}a^2 = a^2\cdot\left(\frac{5}{48}\pi + \frac{1}{2}\right) \approx 0{,}83a^2$$

$$\begin{aligned} u_{Schr} &= \tfrac{1}{2}\cdot 2\cdot \tfrac{a}{2}\sqrt{2}\pi + 2\cdot\tfrac{1}{6}\cdot 2\cdot\tfrac{a}{2}\pi + \tfrac{1}{4}\cdot 2\cdot\tfrac{a}{2}\pi \\ &= \tfrac{a}{2}\sqrt{2}\pi + \tfrac{a}{3}\pi + \tfrac{a}{4}\pi = \tfrac{a}{2}\sqrt{2}\pi + \tfrac{7}{12}a\pi = a\pi\left(\tfrac{1}{2}\sqrt{2} + \tfrac{7}{12}\right) \\ &\approx 4{,}05a \end{aligned}$$

42. Die farblich schraffierte Figur setzt sich zusammen aus einem Kreissektor mit dem Winkel $360° - 60° = 300°$ und dem Radius $\frac{a}{2}$ sowie der Fläche des gleichseitigen Dreiecks, aus der die beiden Sechstelkreise mit dem Radius $\frac{a}{2}$ herausgenomnmen sind.

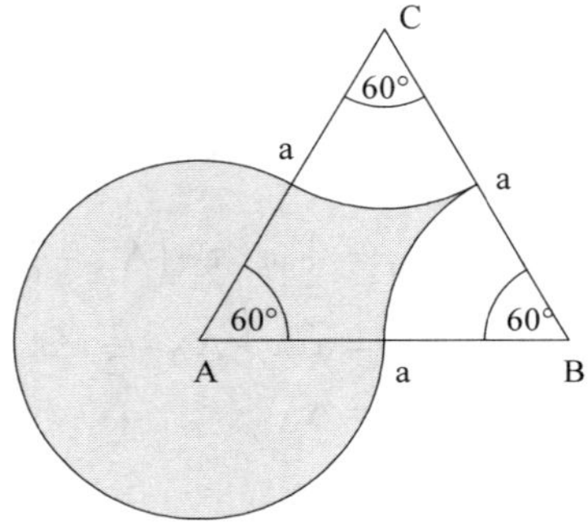

$$\begin{aligned} A_{Schr} &= \tfrac{300°}{360°}\cdot\left(\tfrac{a}{2}\right)^2\pi + \tfrac{1}{2}a\cdot\tfrac{a}{2}\sqrt{3} - 2\cdot\tfrac{1}{6}\cdot\left(\tfrac{a}{2}\right)^2\pi \\ &= \tfrac{5}{24}a^2\pi + \tfrac{a^2}{4}\sqrt{3} - \tfrac{a^2}{12}\pi = \tfrac{a^2\pi}{8} + \tfrac{a^2}{4}\sqrt{3} = a^2\left(\tfrac{\pi}{8} + \tfrac{1}{4}\sqrt{3}\right) \approx 0{,}83a^2 \\ u_{Schr} &= \tfrac{300°}{360°}\cdot 2\cdot\tfrac{a}{2}\pi + 2\cdot\tfrac{1}{6}\cdot 2\cdot\tfrac{a}{2}\pi = \tfrac{5}{6}a\pi + \tfrac{1}{3}a\pi = \tfrac{7}{6}a\pi \approx 3{,}67a \end{aligned}$$

43. a) $A_{Halbkr} = \frac{1}{2}\cdot\left(\frac{a}{2}\right)^2\pi = \frac{a^2}{8}\pi$

$A_{Sektor} = \frac{45°}{360°}\cdot a^2\pi = \frac{a^2}{8}\pi$

$\Rightarrow A_{Halbkr} = A_{Sektor}$

b) Nach dem Prinzip der Ergänzungsgleichheit müssen beide Flächen A_1 und A_2 gleich groß sein, A_1 durch $\widehat{ABD}$ zu A_{Halbkr} und A_2 durch $\widehat{ABD}$ zu A_{Sektor} ergänzt werden können und diese beiden Flächen nach a gleich groß sind.

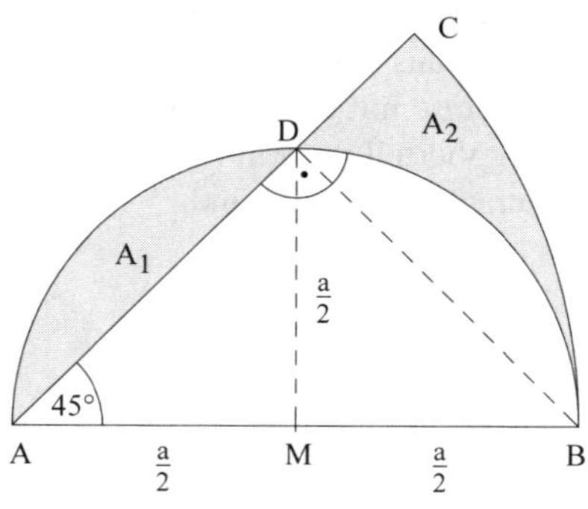

Die Fläche A_1 erhält man, wenn man vom Halbkreis über [AB] das Dreieck AMD sowie den Viertelkreis mit Mittelpunkt M und Radius $\frac{a}{2}$ subtrahiert.

$$A_1 = \frac{a^2}{8}\pi - \frac{1}{2}\cdot\frac{a}{2}\cdot\frac{a}{2} - \frac{1}{4}\cdot\left(\frac{a}{2}\right)^2\pi = \frac{a^2}{8}\pi - \frac{a^2}{8} - \frac{a^2}{16}\pi = \frac{a^2}{16}\pi - \frac{a^2}{8}$$

$$= \frac{a^2}{16}(\pi - 2) \approx 0{,}07 \cdot a^2$$

c) $$u_{Schr} = \frac{1}{2}\cdot 2\cdot\frac{a}{2}\pi + a + \frac{1}{8}\cdot 2a\pi = \frac{a}{2}\pi + a + \frac{a}{4}\pi = \frac{3}{4}a\pi + a$$

$$= a\left(\frac{3}{4}\pi + 1\right) \approx 3{,}36a$$

44. a) Man erkennt, dass sich die Figuren in jeder Hälfte zu einem Viertelkreis ergänzen, d. h.

$$A_{Schr} = \frac{1}{2}\cdot r^2\pi$$

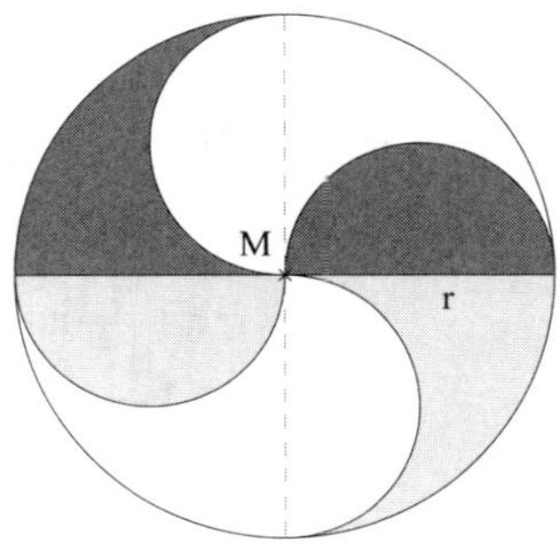

b) Für die halbe Seite des gleichseitigen Dreiecks gilt:

$$\left(\frac{s}{2}\right)^2 = r^2 - \left(\frac{r}{2}\right)^2 = r^2 - \frac{r^2}{4}$$

$$= \frac{3}{4}r^2$$

$$\frac{s}{2} = \frac{r}{2}\sqrt{3} \Rightarrow s = r\sqrt{3}$$

Die Höhe des gleichseitigen Dreiecks ist $h = \frac{3}{2}r$, der Radius des kleinen Kreises $\frac{1}{2}r$.

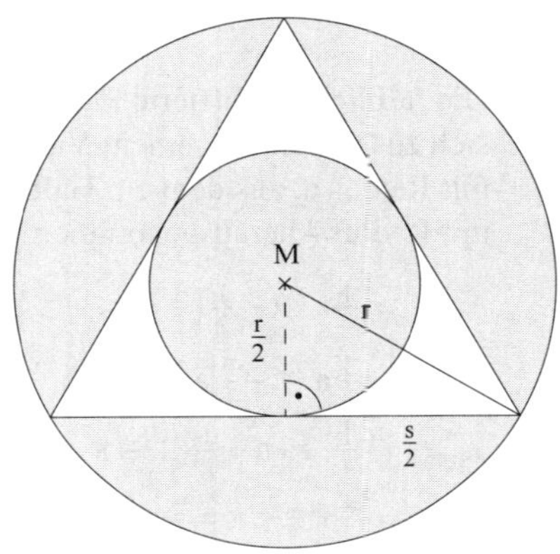

$$A_{Schr} = r^2\pi - \frac{1}{2}r\sqrt{3}\cdot\frac{3}{2}r + \left(\frac{r}{2}\right)^2\pi$$

$$= r^2\pi - \frac{3}{4}r^2\sqrt{3} + \frac{r^2}{4}\pi = \frac{5}{4}r^2\pi - \frac{3}{4}r^2\sqrt{3}$$

$$= \frac{r^2}{4}(5\pi - 3\sqrt{3}) \approx 2{,}63r^2$$

c) Nach Teilaufgabe b gilt für die Radien der beiden Halbkreise $\frac{r}{4}\sqrt{3}$, für den Radius des kleinen Kreises erhält man $\frac{r}{4}$.

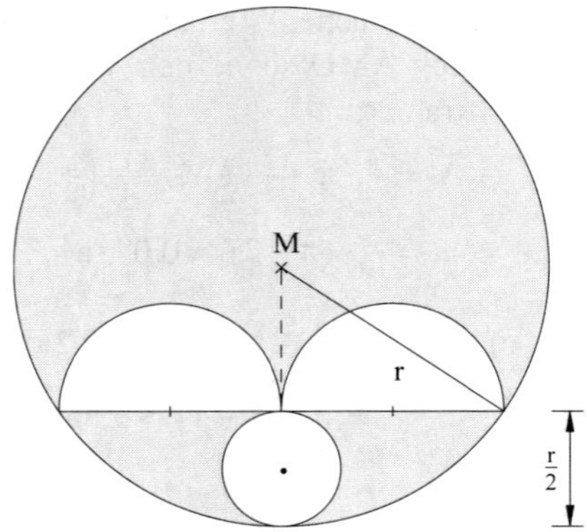

$$A_{Schr} = r^2\pi - 2 \cdot \frac{1}{2}\left(\frac{r}{4}\sqrt{3}\right)^2\pi - \left(\frac{r}{4}\right)^2\pi$$

$$= r^2\pi - \frac{3}{16}r^2\pi - \frac{1}{16}r^2\pi$$

$$= \frac{3}{4}r^2\pi$$

d) Für die Radien des kleinen Kreises bzw. der Halbkreise gilt:

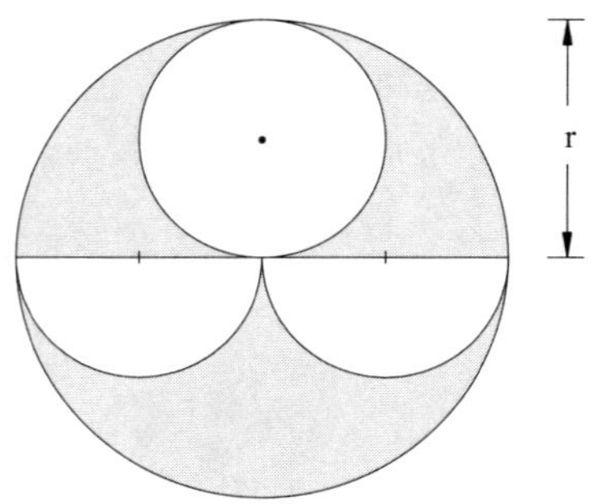

$$A_{Schr} = r^2\pi - \left(\frac{r}{2}\right)^2\pi - 2 \cdot \frac{1}{2}\left(\frac{r}{2}\right)^2\pi$$

$$= r^2\pi - \frac{r^2}{4}\pi - \frac{r^2}{4}\pi$$

$$= \frac{1}{2}r^2\pi$$

45. Die farblich schraffierte Fläche setzt sich zusammen aus einem Viertelkreis mit Radius a, aus dem ein Halbkreis mit Radius $\frac{a}{2}$ herausgenommen wird.

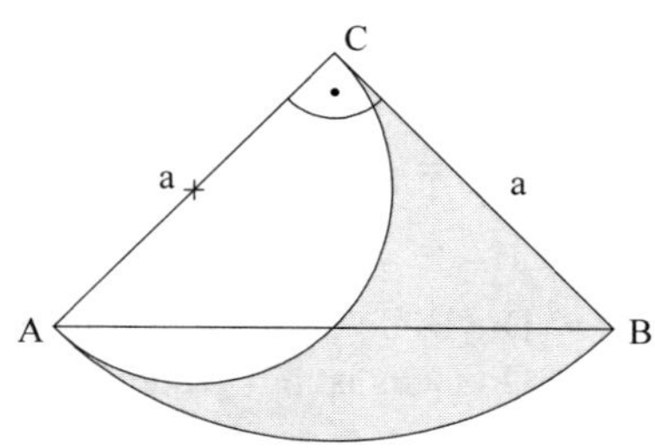

$$A_{Schr} = \frac{1}{4}a^2\pi - \frac{1}{2}\left(\frac{a}{2}\right)^2\pi$$

$$= \frac{1}{4}a^2\pi - \frac{1}{8}a^2\pi = \frac{1}{8}a^2\pi$$

$$u_{Schr} = \frac{1}{4} \cdot 2a\pi + \frac{1}{2} \cdot 2 \cdot \frac{a}{2}\pi$$

$$= \frac{a}{2}\pi + \frac{a}{2}\pi = a\pi$$

46. Die farblich schraffierte Figur erhält man, wenn man vom gleichseitigen Dreieck ABC die beiden gleichseitigen Dreiecke AD_1D_3 und D_1BD_2 sowie den Sechstelkreis um C mit Radius a wegnimmt.

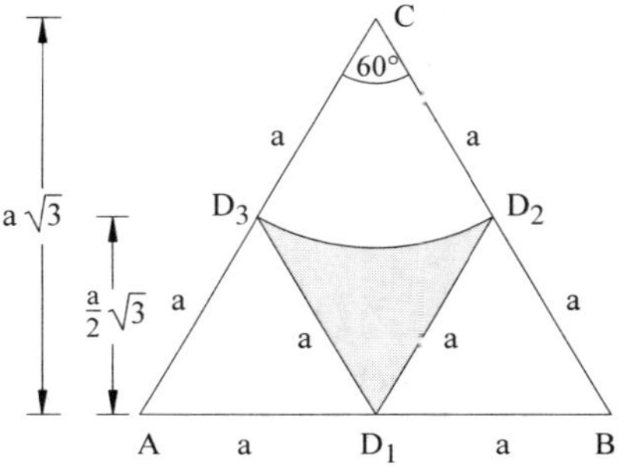

$$A_{Schr} = \tfrac{1}{2}\cdot 2a\cdot a\sqrt{3} - 2\cdot\tfrac{1}{2}\cdot a\cdot\tfrac{a}{2}\sqrt{3} - \tfrac{1}{6}\cdot a^2\pi$$

$$= a^2\sqrt{3} - \tfrac{a^2}{2}\sqrt{3} - \tfrac{1}{6}a^2\pi$$

$$= \tfrac{a^2}{2}\sqrt{3} - \tfrac{a^2}{6}\pi = a^2\left(\tfrac{1}{2}\sqrt{3} - \tfrac{1}{6}\pi\right) \approx 0{,}34a^2$$

$$u_{Schr} = 2a + \tfrac{1}{6}\cdot 2a\pi = 2a + \tfrac{a}{3}\pi = a\left(2 + \tfrac{\pi}{3}\right) \approx 3{,}05a$$

47. Der Kreis hat den Radius $r = \frac{1}{2}d = \frac{a}{2}\sqrt{2}$.
Die farblich schraffierte Fläche ergibt sich, wenn man von dem Viertelkreis mit Radius $\frac{a}{2}\sqrt{2}$ die beiden Segmente von den Viertelkreisen mit Radius $\frac{a}{2}$ subtrahiert.

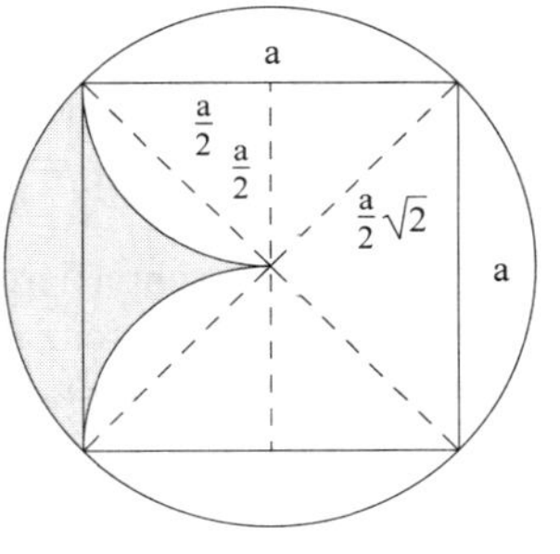

$$A_{Schr} = \tfrac{1}{4}\cdot\left(\tfrac{a}{2}\sqrt{2}\right)^2\pi - 2\cdot\left(\tfrac{1}{4}\cdot\left(\tfrac{a}{2}\right)^2\pi - \tfrac{1}{2}\cdot\tfrac{a}{2}\cdot\tfrac{a}{2}\right)$$

$$= \tfrac{a^2}{8}\pi - 2\left(\tfrac{a^2}{16}\pi - \tfrac{a^2}{8}\right)$$

$$= \tfrac{a^2}{8}\pi - \tfrac{a^2}{8}\pi + \tfrac{a^2}{4} = \tfrac{a^2}{4}$$

$$u_{Schr} = \tfrac{1}{4}\cdot 2\cdot\tfrac{a}{2}\sqrt{2}\pi + 2\cdot\tfrac{1}{4}\cdot 2\cdot\tfrac{a}{2}\pi = \tfrac{a}{4}\sqrt{2}\pi + \tfrac{a}{2}\pi = a\pi\left(\tfrac{1}{4}\sqrt{2} + \tfrac{1}{2}\right)$$

$$\approx 2{,}68a$$

48. Für die Höhe $h = \overline{AD}$ des gleichseitigen Dreiecks ABC gilt:

$h = \frac{2a}{2}\sqrt{3} = a\sqrt{3}$

Für den Radius $\overline{MD}$ des Kreissektors gilt:

$\overline{MD} = \frac{h}{2} = \frac{a}{2}\sqrt{3}$

Die farblich schraffierte Fläche ist ein Drittelkreis ($\gamma = 120°$!) mit dem Radius $\frac{a}{2}\sqrt{3}$.

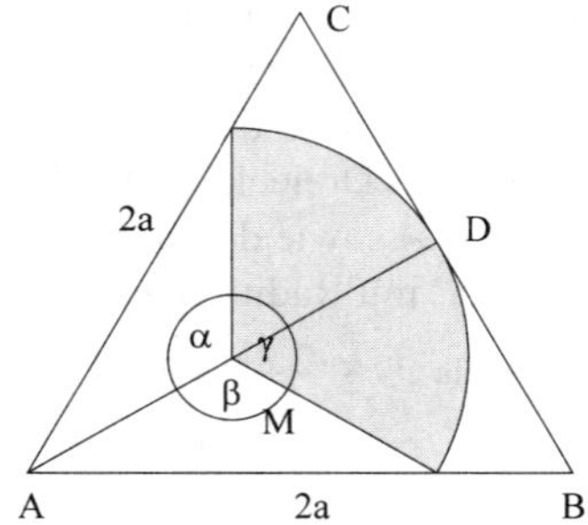

$$A_{Schr} = \frac{1}{3}\cdot\left(\frac{a}{2}\sqrt{3}\right)^2\pi = \frac{1}{3}\cdot\frac{3}{4}a^2\pi = \frac{1}{4}a^2\pi$$

$$u_{Schr} = 2\cdot\frac{a}{2}\sqrt{3} + \frac{1}{3}a\sqrt{3}\pi = a\left(\sqrt{3} + \frac{1}{3}\sqrt{3}\pi\right) \approx 3{,}55a$$

49. Für die Diagonale im Quadrat mit der Seitenlänge a gilt: $d = a\sqrt{2}$

$\Rightarrow \overline{MB} = \frac{1}{2}d = \frac{a}{2}\sqrt{2}$

Die farblich schraffierte Fläche A_1 ergibt sich als die Differenz der Viertelkreise mit den Radien a bzw. $\frac{a}{2}\sqrt{2}$.

Die Kreisfläche A_2 hat den Radius $\frac{a}{4}\sqrt{2}$.

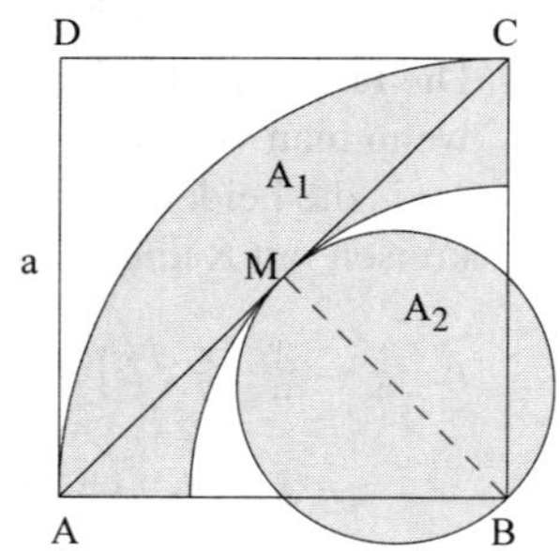

$$A_1 = \frac{1}{4}a^2\pi - \frac{1}{4}\left(\frac{a}{2}\sqrt{2}\right)^2\pi = \frac{1}{4}a^2\pi - \frac{1}{8}a^2\pi = \frac{1}{8}a^2\pi$$

$$A_2 = \left(\frac{a}{4}\sqrt{2}\right)^2\pi = \frac{a^2}{8}\pi$$

$$\Rightarrow A_1 = A_2$$

50. a) Der Radius r des Kreises ist gleich der halben Diagonale des Quadrates mit der Kantenlänge a, d. h.

$r = \frac{1}{2}d = \frac{a}{2}\sqrt{2}$

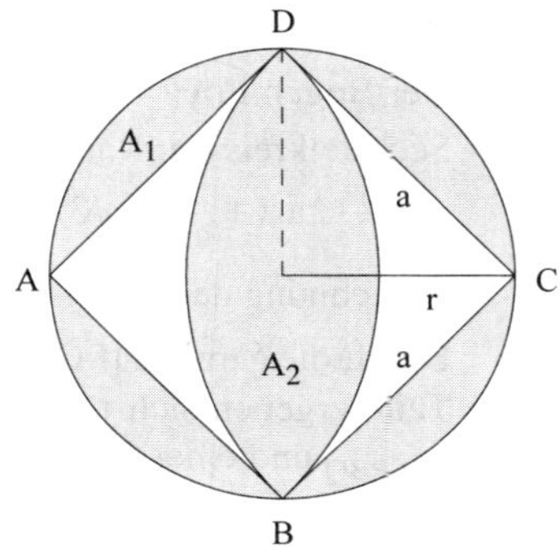

Die Fläche A_1 ergibt sich als Differenz der Kreisfläche mit dem Radius $r = \frac{a}{2}\sqrt{2}$ und der Fläche des Quadrates.

$A_1 = \left(\frac{a}{2}\sqrt{2}\right)^2 \pi - a^2$

$= \frac{a^2}{2}\pi - a^2 = a^2\left(\frac{\pi}{2} - 1\right)$

Die Fläche A_2 ergibt sich als Summe zweier Viertelkreissegmente mit dem Radius a.

$A_2 = 2 \cdot \left(\frac{1}{4}a^2\pi - \frac{1}{2}a \cdot a\right) = \frac{a^2\pi}{2} - a^2 = a^2\left(\frac{\pi}{2} - 1\right)$

Die beiden Flächen sind flächengleich.

b) Berechnung des Radius r:
ΔABQ ist gleichseitig mit der Seitenlänge a, da sowohl $\overline{AB} = a$ als auch $\overline{BQ} = \overline{AQ} = a$ (Radius der kleinen Kreise) gilt.
Für die Höhe $\overline{MQ}$ des gleichseitigen Dreiecks gilt
$h = \overline{MQ} = \frac{a}{2}\sqrt{3}$.

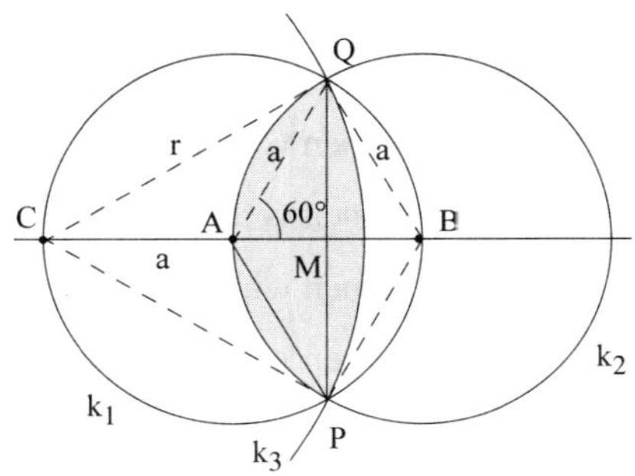

Da der Winkel $\sphericalangle BAQ = 60°$ ist, folgt $\sphericalangle QAC = 120°$. Mit der gleichen Überlegung erhält man $\sphericalangle QAP = \sphericalangle CAP = 120°$ und daraus, dass alle Winkel des ΔQCP gleich 60° sind. Das Dreieck QCP ist gleichseitig mit der Seitenlänge $\overline{PQ} = 2 \cdot h = a\sqrt{3}$.

Da die Seite $\overline{QC}$ der Radius des Kreises k_3 ist, gilt $r = a\sqrt{3}$.

Berechnung des Umfangs u:

Der Bogen $\widehat{QAP}$ ist ein Drittelkreis mit Radius R = a, der Bogen $\widehat{PQ}$ ein Sechstelkreis mit Radius $r = a\sqrt{3}$. Damit ergibt sich für den Umfang:

$$u = \frac{1}{3}\cdot 2a\pi + \frac{1}{6}\cdot 2a\sqrt{3}\pi = \frac{2}{3}a\pi + \frac{1}{3}\sqrt{3}a\pi = \frac{1}{3}a\pi(2+\sqrt{3}) \approx 3{,}91\cdot a$$

Berechnung des Inhalts A:

Durch die Strecke [PQ] wird die Fläche in zwei Teile geteilt. Die beiden Teile ergeben sich jeweils als Drittelkreisfläche mit Radius R = a minus $A_{\Delta PBQ}$ und einer Sechstelkreisfläche mir $r = a\sqrt{3}$ minus $A_{\Delta CMQ}$.

$$A = \left(\frac{1}{3}a^2\pi - 2\cdot\frac{1}{2}\cdot\frac{a}{2}\cdot\frac{a}{2}\sqrt{3}\right) + \left(\frac{1}{6}(a\sqrt{3})^2\pi - 2\cdot\frac{1}{2}\cdot\frac{3}{2}a\cdot\frac{a}{2}\sqrt{3}\right)$$

$$= \frac{1}{3}a^2\pi - \frac{a^2}{4}\sqrt{3} + \frac{1}{2}a^2\pi - \frac{3}{4}a^2\sqrt{3} = \frac{5}{6}a^2\pi - a^2\sqrt{3}$$

$$= a^2\left(\frac{5}{6}\pi - \sqrt{3}\right) \approx 0{,}89a^2$$

51. In $V = r^2\pi\cdot h$ geht der Radius quadratisch, die Höhe aber linear in die Berechnung ein. Damit erhält man:

a) Das Volumen vervierfacht sich.

b) Das Volumen verdoppelt sich.

c) Das Volumen verachtfacht sich.

d) Das Volumen verdoppelt sich.

e) Das Volumen wird halbiert.

f) Das Volumen geht auf den achten Teil des ursprünglichen Volumens zurück.

52. $V = r^2\pi\cdot h = r^2\pi\cdot 4r = 4r^3\pi = 500\pi$

$\Rightarrow r^3 = 125 \Rightarrow r = 5$ cm; $h = 4r = 20$ cm

$O = 2r^2\pi + 2r\pi h = 50\pi + 200\pi = 250\pi\ \text{cm}^2 \approx 785{,}40\ \text{cm}^2$

53. Beklebt werden kann die Mantelfläche der Säule.
$M = 2r\pi h = 2 \cdot 0{,}75\ \text{m} \cdot \pi \cdot 3\ \text{m} = 4{,}5\pi\ \text{m}^2 \approx 14{,}14\ \text{m}^2$

54. $1\,h\ell = 100\,\ell = 100\ \text{dm}^3$
$d = 0{,}8\ \text{m} = 8\ \text{dm} \Rightarrow r = 4\ \text{dm}$
$V = r^2\pi \cdot h \Rightarrow h = \frac{V}{r^2\pi} = \frac{500}{16\pi}\ \text{dm} = 9{,}95\ \text{dm} = 99{,}5\ \text{cm}$

Die Höhe muss 99,5 cm ≈ 1 m sein.

55. $d_a = 45{,}4\ \text{cm} \Rightarrow r_a = 22{,}7\ \text{cm}$
$d_i = 43{,}6\ \text{cm} \Rightarrow r_i = 21{,}8\ \text{cm}$
$h = 3{,}85\ \text{m} = 385\ \text{cm}$
$V = (r_a^2 - r_i^2)\pi \cdot h = (22{,}7^2 - 21{,}8^2) \cdot \pi \cdot 385\ \text{cm}^3$
$= 48\,441\ \text{cm}^3 = 48{,}441\ \text{dm}^3$

56. a) $r_1 = b;\ h_1 = a \Rightarrow V_1 = b^2\pi a$
$r_2 = a;\ h_2 = b \Rightarrow V_2 = a^2\pi b$
$V = 3 \cdot V_2$
$b^2\pi a = 3 \cdot a^2\pi b \Rightarrow b = 3a$
$O_1 = 2 \cdot b^2\pi + 2b\pi a$
$= 18a^2\pi + 6a^2\pi = 24a^2\pi$
$O_2 = 2 \cdot a^2\pi + 2a\pi b$
$= 2a^2\pi + 6a^2\pi = 8a^2\pi$
$\Rightarrow O_1 : O_2 = 3 : 1$

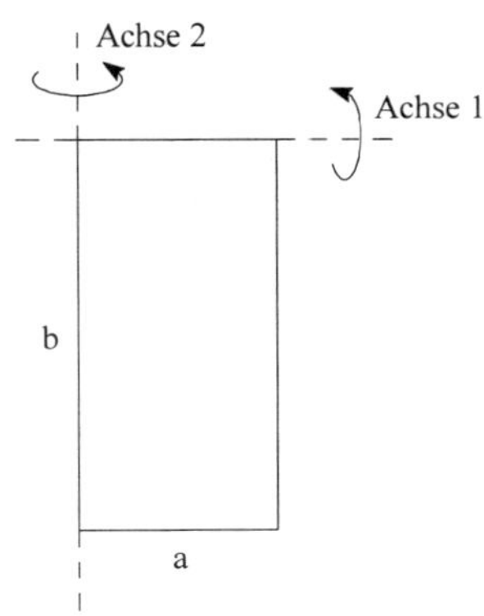

b) Aus dem Zylinder mit dem Radius 2a und der Höhe 4a wird ein Zylinder mit dem Radius a und der Höhe 2a herausgenommen.

$V = (2a)^2\pi \cdot 4a - a^2\pi \cdot 2a$

$\quad = 16a^3\pi - 2a^3\pi = 14a^3\pi$

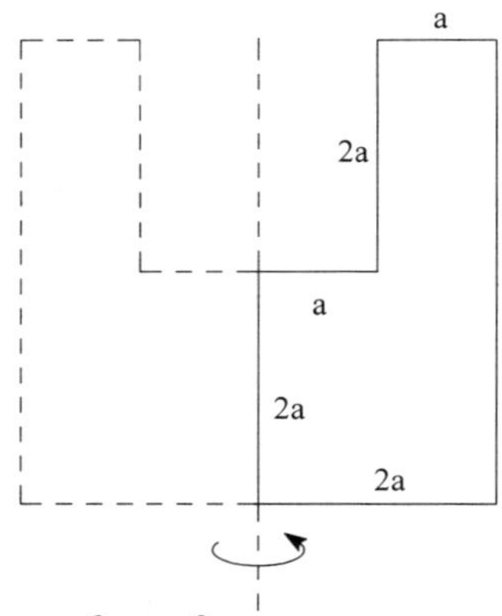

Die Oberfläche besteht aus der Grundfläche und der Mantelfläche des großen und des kleinen Zylinders sowie dem Kreisring der Deckfläche.

$O = (2a)^2\pi + 2 \cdot 2a\pi \cdot 4a + a^2\pi + 2 \cdot a\pi \cdot 2a + (2a)^2\pi - a^2\pi$

$\quad = 4a^2\pi + 16a^2\pi + a^2\pi + 4a^2\pi + 4a^2\pi - a^2\pi = 28a^2\pi$

57. Ein rechtwinkliges Dreieck mit einem 30°-Winkel ist ein halbes gleichseitiges Dreieck. Für dessen Seite gelten die in der Skizze angegebenen Längen: a; $2a$; $a\sqrt{3}$.

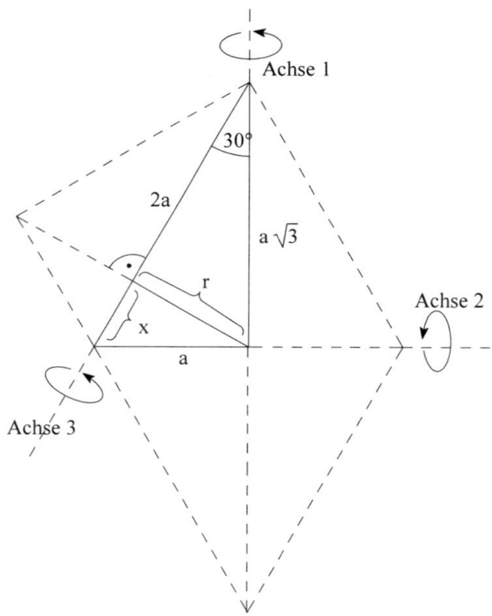

Bei der Rotation um die Achse 1 gilt:

$r = a;\ h = a\sqrt{3}$

$V_1 = \frac{1}{3}\, a^2\pi \cdot a\sqrt{3}$

$\quad = \frac{1}{3}\, a^3\pi\sqrt{3}$

Bei der Rotation um die Achse 2 gilt:

$r = a\sqrt{3};\ h = a$

$V_2 = \frac{1}{3}\,(a\sqrt{3})^2\pi \cdot a$

$\quad = \frac{1}{3} \cdot 3a^3\pi = a^3\pi$

Bei der Rotation um die Achse 3 gilt:
Den Radius r berechnen wir mit dem Kathetensatz und dem Höhensatz.

Kathetensatz: $x \cdot 2a = a^2 \Rightarrow x = \frac{a}{2}$

Höhensatz: $r^2 = \frac{a}{2} \cdot \frac{3a}{2} = \frac{3}{4}a^2$

$V_3 = \frac{1}{3}r^2\pi\left(\frac{a}{2} + \frac{3a}{2}\right) = \frac{1}{3} \cdot \frac{3}{4}a^2 \cdot 2a = \frac{1}{3} \cdot \frac{3}{2}a^3\pi = \frac{1}{2}a^3\pi$

$V_1 : V_2 : V_3 = \frac{1}{3}\sqrt{3} : 1 : \frac{1}{2} = 2\sqrt{3} : 6 : 3$

58. a) $b = \frac{180°}{180°} \cdot s\pi = 2r\pi$

$\Rightarrow s = 2r$

$\Rightarrow$ Es handelt sich um einen gleichseitigen Kegel.

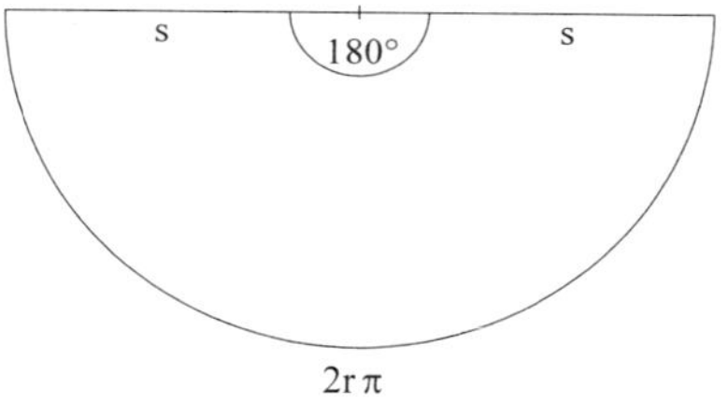

b) Mit der Teilaufgabe a folgt: Die in die Ebene abgerollte Mantelfläche ist ein Halbkreis.

59. $b = \frac{216°}{180°} \cdot R\pi = 2r\pi$

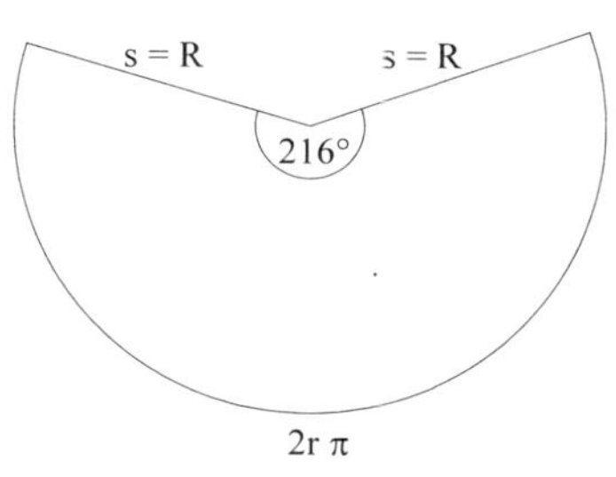

$\Rightarrow \frac{6}{5}R\pi = 2r\pi$

$\Rightarrow r = \frac{6}{10}R = 0{,}6R$

$h^2 = s^2 - r^2 = R^2 - (0{,}6R)^2 = 0{,}64R^2$

$\Rightarrow h = 0{,}8R$

$M = r\pi s = 0{,}6R \cdot \pi \cdot R = 0{,}6\pi R^2$

$\approx 1{,}88R^2$

$V = \frac{1}{3}r^2\pi h = \frac{1}{3} \cdot (0{,}6R)^2\pi \cdot 0{,}8R = 0{,}096\pi R^3 \approx 0{,}30R^3$

60. a) $M = \frac{5}{4} \cdot G$

$r\pi s = \frac{5}{4}r^2\pi \Rightarrow s = \frac{5}{4}r$

$h^2 = s^2 - r^2 = \frac{26}{16}r^2 - r^2 = \frac{9}{16}r^2 \Rightarrow h = \frac{3}{4}r$

$V = \frac{1}{3}r^2\pi \cdot \frac{3}{4}r = \frac{r^3}{4}\pi = 128\pi$

$\Rightarrow r^3 = 512 \Rightarrow r = 8$ cm, $s = 10$ cm, $h = 6$ cm

$O = r^2\pi + r\pi s = 64\pi + 80\pi = 144\pi \text{ cm}^2 \approx 452{,}39 \text{ cm}^2$

b) $M = 2 \cdot G$

$r\pi s = 2 \cdot r^2\pi \Rightarrow s = 2r \Rightarrow$ Der Kegel ist gleichseitig.

$h^2 = s^2 - r^2 = 4r^2 - r^2 = 3r^2 \Rightarrow h = r\sqrt{3}$

$V = \frac{1}{3} r^2\pi \cdot h = \frac{1}{3} r^2\pi \cdot r\sqrt{3} = \frac{1}{3} r^3\pi\sqrt{3}$

$O = r^2\pi + r\pi s = r^2\pi + 2r^2\pi = 3r^2\pi$

61. a) $O = 1{,}8 \cdot M$

$r^2\pi + r\pi s = 1{,}8 r\pi s$

$r^2\pi = 0{,}8 r\pi s \Rightarrow s = \frac{r}{0{,}8} = 1{,}25r = \frac{5}{4}r$

$h^2 = s^2 - r^2 = \left(\frac{5}{4}r\right)^2 - r^2 = \frac{25}{16}r^2 - r^2 = \frac{9}{16}r^2 \Rightarrow h = \frac{3}{4}r$

$V = \frac{1}{3} r^2\pi h = \frac{1}{3} r^2\pi \cdot \frac{3}{4}r = \frac{r^3}{4}\pi$

b) $b = \frac{\varphi}{180°} \cdot s \cdot \pi = 2r\pi$

$\varphi = \frac{2r\pi \cdot 180°}{s\pi} = \frac{2r\pi \cdot 180°}{\frac{5}{4}r\pi} = \frac{8}{5} \cdot 180° = 288°$

62. Der Rotationskörper ist ein Zylinder, aus dem ein Kegel herausgenommen ist.

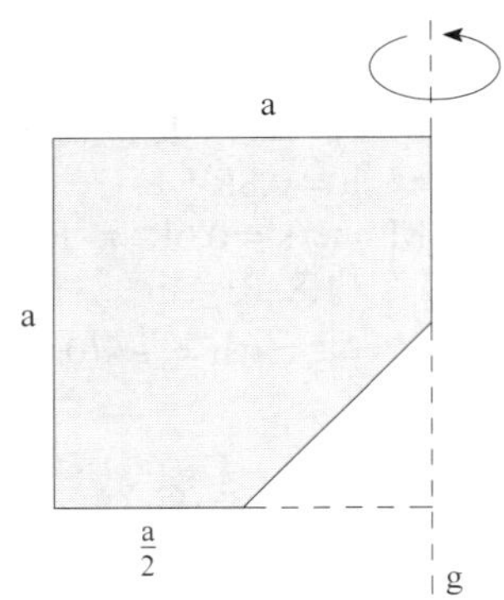

$V = a^2\pi \cdot a - \frac{1}{3}\left(\frac{a}{2}\right)^2 \pi \cdot \frac{a}{2}$

$= a^3\pi - \frac{a^3}{24}\pi = \frac{23}{24}a^3\pi$

Die Oberfläche setzt sich zusammen aus der Deckfläche und dem Mantel des Zylinders, dem Mantel des Kegels sowie dem Kreisring der Grundfläche.

Für die Mantellinie s des ausgeschnittenen Kegels gilt:

$s^2 = \left(\frac{a}{2}\right)^2 + \left(\frac{a}{2}\right)^2 \Rightarrow s = \frac{a}{2}\sqrt{2}$

$$O = a^2\pi + 2a\pi \cdot a + \tfrac{a}{2}\pi \cdot \tfrac{a}{2}\sqrt{2} + a^2\pi - \left(\tfrac{a}{2}\right)^2\pi$$
$$= a^2\pi + 2a^2\pi + \tfrac{a^2}{4}\sqrt{2}\pi + a^2\pi - \tfrac{a^2}{4}\pi = \tfrac{15}{4}a^2\pi + \tfrac{a^2}{4}\sqrt{2}\pi$$
$$= a^2\pi\left(\tfrac{15}{4} + \tfrac{1}{4}\sqrt{2}\right) \approx 12{,}89a^2$$

63.

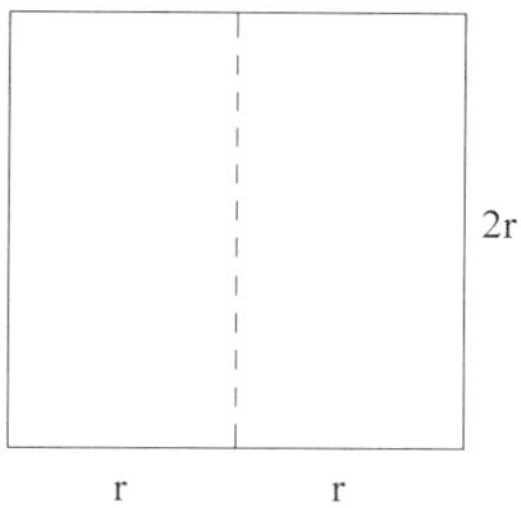

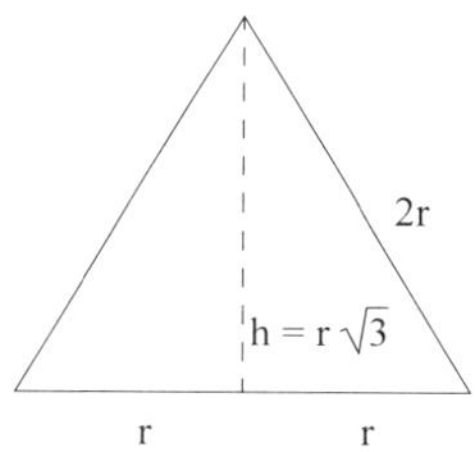

a) $V_{Zyl} = r^2\pi \cdot 2r = 2r^3\pi$
$V_{Ke} = \tfrac{1}{3}r^2\pi \cdot r\sqrt{3} = \tfrac{1}{3}\sqrt{3}r^3\pi$
$\Rightarrow V_{Zyl} : V_{Ke} = 2 : \tfrac{1}{3}\sqrt{3} = 6 : \sqrt{3}$

$O_{Zyl} = 2r^2\pi + 2r\pi \cdot 2r = 2r^2\pi + 4r^2\pi = 6r^2\pi$
$O_{Ke} = r^2\pi + r\pi \cdot 2r = 3r^2\pi$
$\Rightarrow O_{Zyl} : O_{Ke} = 2 : 1$

b)

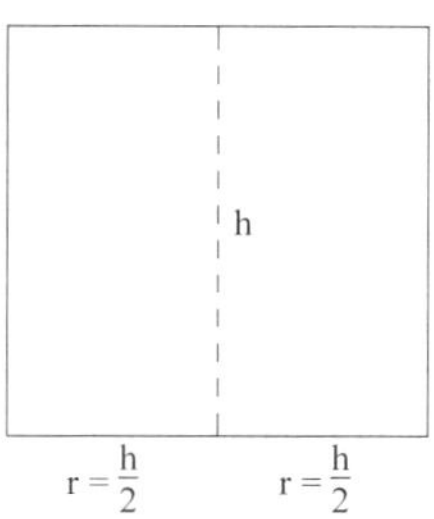

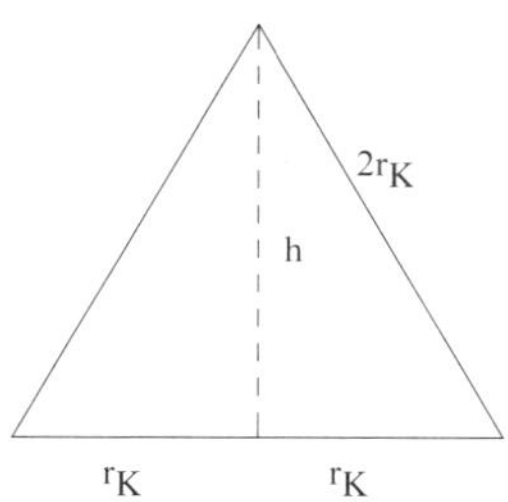

Die Projektion eines gleichseitigen Kegels ist ein gleichseitiges Dreieck. Zwischen h und r besteht die Beziehung:

$h = r_K\sqrt{3} \quad \Rightarrow \quad r_K = \frac{h}{\sqrt{3}}$

$V_{Zyl} = \left(\frac{h}{2}\right)^2\pi \cdot h = \frac{h^3}{4}\pi$

$$V_{Ke} = \frac{1}{3}\cdot\left(\frac{h}{\sqrt{3}}\right)^2 \pi\cdot h = \frac{h^3}{9}\pi$$

$$\Rightarrow\ V_{Zyl} : V_{Ke} = \frac{1}{4} : \frac{1}{9} = 9 : 4$$

$$O_{Zyl} = 2\cdot\left(\frac{h}{2}\right)^2\pi + 2\cdot\frac{h}{2}\pi\cdot h = \frac{h^2}{2}\pi + h^2\pi = \frac{3}{2}h^2\pi$$

$$O_{Ke} = \left(\frac{h}{\sqrt{3}}\right)^2\pi + \frac{h}{\sqrt{3}}\pi\cdot\frac{2h}{\sqrt{3}} = \frac{h^2}{9}\pi + \frac{2}{3}h^2\pi = \frac{7}{9}h^2\pi$$

$$\Rightarrow\ O_{Zyl} : O_{Ke} = \frac{3}{2} : \frac{7}{9} = 27 : 14$$

64. Aufgrund der Gesetzmäßigkeiten der zentrischen Streckung gilt:

$h'' : h = r : R$

$\Rightarrow \quad h'' = \frac{1}{2}h = \frac{3}{2}r$

$\quad\quad h' = h - h'' = \frac{3}{2}r$

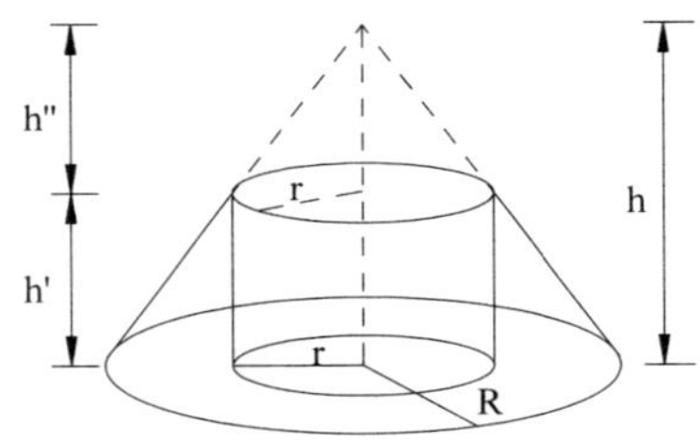

Der Restkörper ist ein Kegelstumpf, aus dem ein Zylinder herausgebohrt ist. Das Volumen des Kegelstumpfes errechnet man aus Volumen großer Kegel minus Volumen des abgeschnittenen Kegels.

$$V = \frac{1}{3}R^2\pi\cdot h - \frac{1}{3}r^2\pi\cdot h'' - r^2\pi\cdot h' = \frac{1}{3}(2r)^2\pi\cdot 3r - \frac{1}{3}r^2\pi\cdot\frac{3}{2}r - r^2\pi\cdot\frac{3}{2}r$$

$$= 4r^3\pi - \frac{1}{2}r^3\pi - \frac{3}{2}r^3\pi = 2r^3\pi$$

Die Oberfläche besteht aus dem Mantel des Kegelstumpfes, dem Mantel des Zylinders sowie dem Kreisring der Grundfläche.

Die Mantellinie s des großen Kegels errechnet man mithilfe des Satzes von Pythagoras.

$s^2 = h^2 + R^2 = (3r)^2 + (2r)^2 = 9r^2 + 4r^2 = 13r^2 \Rightarrow s = \sqrt{13}\,r$

Die Mantellinie des Restkegels ist nach der zentrischen Streckung

$s' = \frac{1}{2}\sqrt{13}\,r$

$$O = R\pi s - r\pi s' + 2r\pi\cdot h' + R^2\pi - r^2\pi$$

$$= 2r\pi\cdot\sqrt{13}\,r - r\pi\cdot\frac{1}{2}\sqrt{13}\,r + 2r\pi\cdot\frac{3}{2}r + (2r)^2\pi - r^2\pi$$

$$= 2\sqrt{13}\,r^2\pi - \frac{1}{2}\sqrt{13}\,r^2\pi + 3r^2\pi + 4r^2\pi - r^2\pi$$

$$= \frac{3}{2}\sqrt{13}\,r^2\pi + 6r^2\pi = r^2\pi\left(\frac{3}{2}\sqrt{13} + 6\right) \approx 35{,}84r^2$$

65. a) Nach den Gesetzen der zentrischen Streckung gilt:

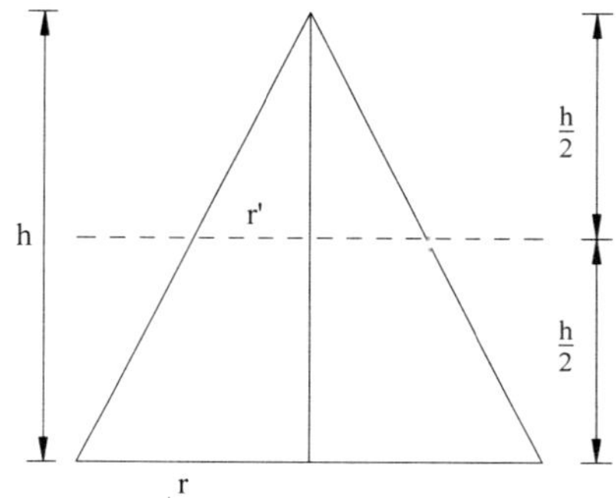

$r' = \frac{1}{2} r$ und $s' = \frac{1}{2} s$,

wobei s über

$s^2 = r^2 + h^2 \Rightarrow s = \sqrt{r^2 + h^2}$

berechnet wird.

$$V_{Rest} = \frac{1}{3} r^2 \pi h - \frac{1}{3} r'^2 \pi \cdot \frac{h}{2}$$
$$= \frac{1}{3} r^2 \pi h - \frac{1}{3} \cdot \frac{r^2}{4} \pi \cdot \frac{h}{2}$$
$$= \frac{1}{3} r^2 \pi h - \frac{1}{24} r^2 \pi h$$
$$= \frac{7}{24} r^2 \pi h$$

$$V_{Spitze} = \frac{1}{3} r'^2 \pi \cdot \frac{h}{2} = \frac{1}{24} r^2 \pi h$$

$\Rightarrow V_{Rest} : V_{Spitze} = 7 : 1$

$$M_{Rest} = r \pi s - r' \pi s' = r \pi s - \frac{1}{4} r \pi s = \frac{3}{4} r \pi s$$

$$M_{Spitze} = r' \pi s' = \frac{1}{4} r \pi s$$

$\Rightarrow M_{Rest} : M_{Spitze} = 3 : 1$

Die beiden Ergebnisse hätte man auch einfach aus den Gesetzen der zentrischen Streckung erhalten können, da sich Volumina sowie die 3. Potenzen, Flächen so wie die Quadrate des Abbildungsfaktors verhalten.

Es gilt:

$V_{Gesamt} : V_{Spitze} = 8 : 1 \Rightarrow V_{Rest} : V_{Spitze} = (8 - 1) : 1 = 7 : 1$
$M_{Gesamt} : M_{Spitze} = 4 : 1 \Rightarrow M_{Rest} : M_{Spitze} = (4 - 1) : 1 = 3 : 1$

b) Mit den Überlegungen zu a erhält man:

$V_{Gesamt} : V_{Spitze} = 27 : 1$

$\Rightarrow V_{Rest} : V_{Spitze} = (27 - 1) : 1$

$= 26 : 1$

$M_{Gesamt} : M_{Spitze} = 9 : 1$

$\Rightarrow M_{Rest} : M_{Spitze} = (9 - 1) : 1$

$= 8 : 1$

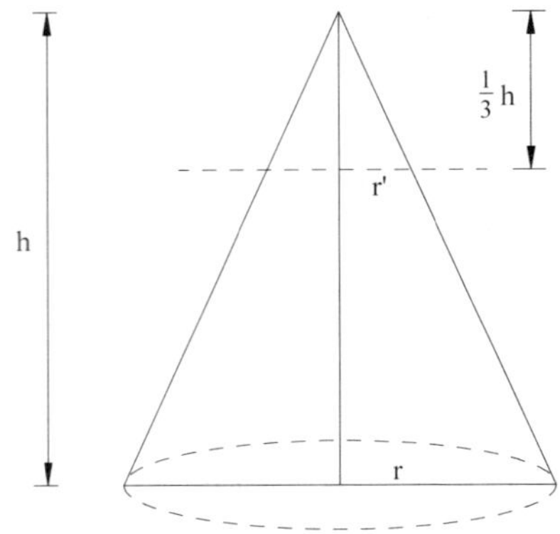

66. $O_{Zyl} = 2r^2\pi + 2r\pi \cdot 2r = 6r^2\pi$

Für den Radius des Doppelkegels und die jeweilige Höhe eines der beiden Kegel bekommt man die Hälfte der Diagonale eines Quadrates mit der Seitenlänge 2r, d. h. $x = r\sqrt{2}$.

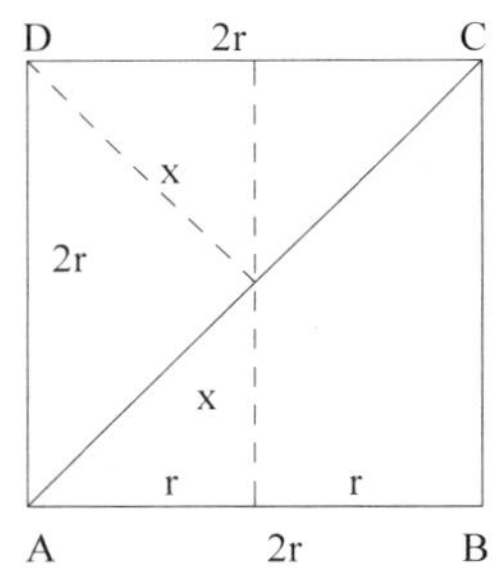

Die Oberfläche des Doppelkegels ist gleich zweimal der Mantelfläche.

$O_{DK} = x\pi s \cdot 2 = r\sqrt{2}\,\pi \cdot 2r \cdot 2$

$= 4\sqrt{2}\,r^2\pi$

67. Es gilt: $V_{Ke} = V_{Zyl}$

$\frac{1}{3} \cdot (3r)^2\,\pi \cdot 2r = r^2\pi \cdot h$

$\frac{1}{3} \cdot 9r^2\pi \cdot 2r = r^2\pi h$

$6r^3\pi = r^2\pi h \Rightarrow h = 6r$

68. $M_{Ke} = M_{Zyl}$

$R\pi s = 2r\pi h$

$2r\pi s = 2r\pi \cdot 3r \Rightarrow s = 3r$

$h_K^2 = s^2 - r^2 = 9r^2 - r^2 = 8r^2 \Rightarrow h_K = \sqrt{8} \cdot r$

$V_{Zyl} = r^2\pi \cdot h = r^2\pi \cdot 3r = 3r^3\pi$

$V_{Ke} = \frac{1}{3} R^2\pi \cdot h_K = \frac{1}{3}(2r)^2\pi \cdot \sqrt{8} \cdot r = \frac{4}{3}\sqrt{8}\, r^3\pi$

$V_{Zyl} : V_{Ke} = 3 : \frac{4}{3}\sqrt{8} = 9 : 4\sqrt{8} = 9 : 8\sqrt{2}$

69. Es entsteht ein Zylinder mit aufgesetztem Kegel. Für die Höhe h_K des Kegels gilt:

$h_K^2 = s^2 - r^2 = 20^2 - 10^2 = 300$

$\Rightarrow h_K = \sqrt{300}\text{ cm} = 10\sqrt{3}\text{ cm}$

$V = r^2\pi \cdot h_Z + \frac{1}{3} r^2\pi \cdot h_K$

$= 100 \cdot \pi \cdot 5\text{ cm}^3 + \frac{1}{3} \cdot 100\pi \cdot 10\sqrt{3}\text{ cm}^3$

$= 500\pi\text{ cm}^3 + \frac{1\,000}{3}\pi\sqrt{3}\text{ cm}^3$

$\approx 3\,384{,}60\text{ cm}^3$

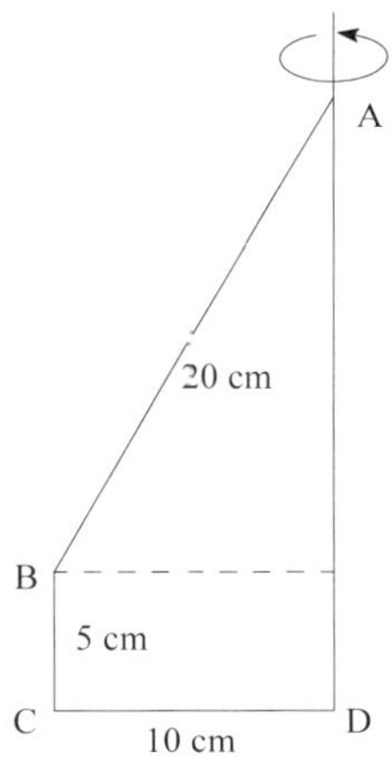

Die Oberfläche besteht aus der Grundfläche des Zylinders, dem Zylinder- und dem Kegelmantel.

$O = r^2\pi + 2r\pi \cdot h' + r\pi s = 100\pi + 20\pi \cdot 5 + 10 \cdot \pi \cdot 20$

$= 400\pi\text{ cm}^2 \approx 1\,256{,}64\text{ cm}^2$

70. a) Es gilt:

$M_{Zyl} = M_{Ke}$

$2r\pi \cdot r = r\pi s \Rightarrow s = 2r$ (gleichseitiger Kegel)

b) $b = \frac{\varphi}{180^\circ} \cdot \pi \cdot s = 2r\pi \Rightarrow \varphi = 180^\circ \Rightarrow x = \pi$ (gleichseitiger Kegel)

c) $V_{Zyl} = r^2\pi \cdot r = r^3\pi$

$V_{Ke} = \frac{1}{3} r^2\pi \cdot h = \frac{1}{3} r^2\pi \cdot r\sqrt{3} = \frac{\sqrt{3}}{3} r^3\pi$

$\Rightarrow V_{Zyl} : V_{Ke} = r^3\pi : \frac{\sqrt{3}}{3} r^3\pi = 1 : \frac{\sqrt{3}}{3} = 3 : \sqrt{3}$

71. a) $O_{K_1} : O_{K_2} = 4R^2\pi : 4r^2\pi = R^2 : r^2 = 4 : 1 \Rightarrow R = 2r$

$$\frac{V_{K_1}}{V_{K_2}} = \frac{\frac{4}{3}R^3\pi}{\frac{4}{3}r^3\pi} = \frac{8}{1} \Rightarrow V_{K_1} : V_{K_2} = 8 : 1$$

b) $V_{\text{große K}} = \frac{4}{3} \cdot (2r)^3 \pi = \frac{32}{3} r^3 \pi$

$V_{\text{kleine K}} = \frac{4}{3} \cdot \left(\frac{r}{2}\right)^3 \pi = \frac{1}{6} r^3 \pi$

$n = V_{\text{große K}} : V_{\text{kleine K}} = 64$, d. h. es passen 64 solche Kugeln in die große Kugel.

Einfache Überlegung: Die Radien verhalten sich wie $2 : \frac{1}{2} = 4$.

Die Volumina gehen mit der 3. Potenz des Radius $\Rightarrow$ $4^3 = 64$ kleine Kugeln passen in die große Kugel.

c) $R^2\pi = 4r^2\pi \Rightarrow R = 2r$

72. Neuer Radius $R = 1{,}1 \cdot r$

Oberflächen:

$$p_1 = \frac{O_{neu} - O_{alt}}{O_{alt}} \cdot 100\,\% = \frac{4 \cdot (1{,}1r)^2\pi - 4r^2\pi}{4r^2\pi} \cdot 100\,\%$$

$$= \frac{4r^2\pi(1{,}1^2 - 1)}{4r^2\pi} \cdot 100\,\% = 21\,\%$$

Volumina:

$$p_2 = \frac{V_{neu} - V_{alt}}{V_{alt}} \cdot 100\,\% = \frac{\frac{4}{3}(1{,}1r)^3\pi - \frac{4}{3}r^3\pi}{\frac{4}{3}r^3\pi} \cdot 100\,\%$$

$$= \frac{\frac{4}{3}r^3\pi(1{,}1^3 - 1)}{\frac{4}{3}r^3\pi} \cdot 100\,\% = 33{,}1\,\%$$

73. a) $U_{\text{Großkr}} = d \cdot \pi = 6\,763 \cdot \pi \text{ km} = 21\,246{,}59 \text{ km} = 2{,}12 \cdot 10^4 \text{ km}$

$$O_{\text{Mars}} = 4 \cdot \left(\frac{d}{2}\right)^2 \pi = 4 \cdot \left(\frac{6\,763}{2}\right)^2 \pi \text{ km}^2 = 1{,}44 \cdot 10^8 \text{ km}^2$$

$$V_{\text{Mars}} = \frac{4}{3} \cdot \left(\frac{d}{2}\right)^3 \pi = \frac{4}{3} \cdot \left(\frac{6\,763}{2}\right)^3 \pi \text{ km}^3 = 1{,}62 \cdot 10^{11} \text{ km}^3$$

b) Wegen $V_E : V_{\text{Mars}} = 8 : 1 \Rightarrow r_E : r_M = 2 : 1 \Rightarrow O_E : O_M = 4 : 1$

74. Das Volumen ergibt sich aus dem Volumen des Kegels vermindert um das Volumen der Halbkugel.

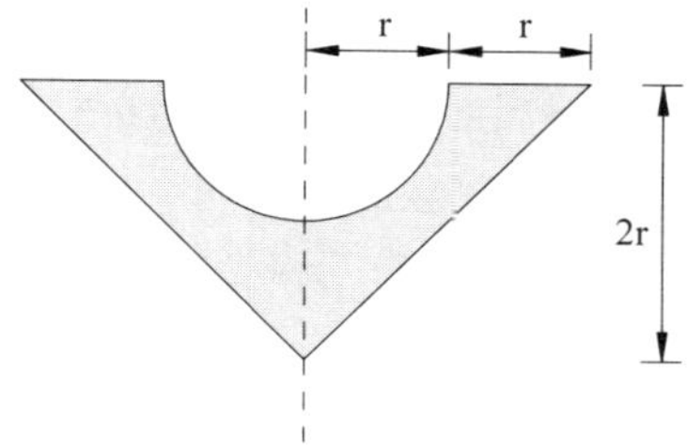

$V = \frac{1}{3} \cdot (2r)^2\pi \cdot 2r - \frac{1}{2} \cdot \frac{4}{3} r^3\pi$

$= \frac{8}{3} r^3\pi - \frac{2}{3} r^3\pi = 2r^3\pi$

Die Oberfläche besteht aus dem Mantel des Kegels, der Halbkugeloberfläche und dem Kreisring. Für die Mantellinie s des Kegels ergibt sich:

$s^2 = (2r)^2 + (2r)^2 = 8r^2 \Rightarrow s = \sqrt{8} \cdot r = 2\sqrt{2}\, r$

$O = 2r\pi \cdot 2\sqrt{2}\, r + \frac{1}{2} \cdot 4r^2\pi + (2r)^2\pi - r^2\pi = 4\sqrt{2}\, r^2\pi + 2r^2\pi + 4r^2\pi - r^2\pi$

$= 4\sqrt{2}\, r^2\pi + 5r^2\pi = r^2\pi\,(4\sqrt{2} + 5) \approx 33{,}48r^2$

75. Aus dem Zylinder wird eine Halbkugel herausgenommen.

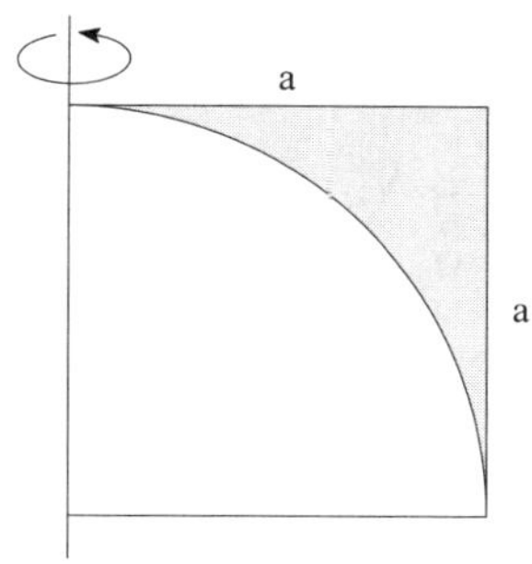

$V = a^2\pi a - \frac{1}{2} \cdot \frac{4}{3} a^3\pi$

$= a^3\pi - \frac{2}{3} a^3\pi = \frac{1}{3} a^3\pi$

Die Oberfläche besteht aus dem Deckkreis, dem Zylindermantel sowie der Oberfläche der Halbkugel.

$O = a^2\pi + 2a\pi \cdot a + \frac{1}{2} \cdot 4a^2\pi$

$= a^2\pi + 2a^2\pi + 2a^2\pi = 5a^2\pi$

76. $O = 4r^2\pi = 400\pi$

$\Rightarrow r^2 = 100 \Rightarrow r = 10$ cm

$A = r'^2\pi \wedge r'^2 = r^2 - d^2$

$= 100 - 36 = 64$

$\Rightarrow r' = 8$ cm

$A = 64\pi\ \text{cm}^2$

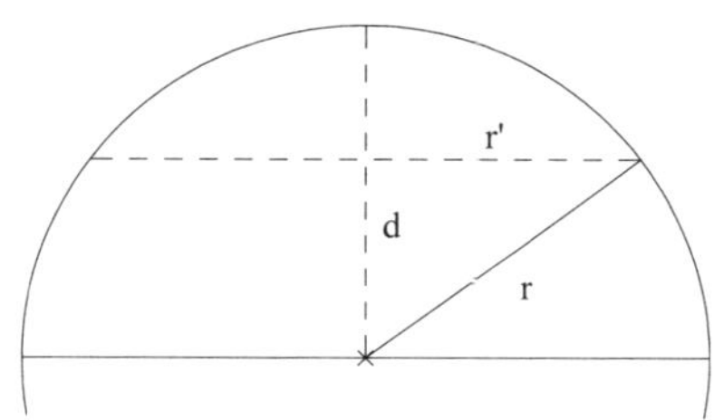

77. a) $V_{Ku} = V_{Zyl}$

$\frac{4}{3} r^3 \pi = r^2 \pi \cdot h \Rightarrow h = \frac{4}{3} r$

$O_{Ku} = 4r^2 \pi$

$O_{Zyl} = 2r^2 \pi + 2r \cdot h = 2r^2 \pi + \frac{8}{3} r^2 \pi = \frac{14}{3} r^2 \pi$

$O_{Ku} : O_{Zyl} = 4 : \frac{14}{3} = 12 : 14 = 6 : 7$

b) $V_{Ku} = V_{Ke}$

$\frac{4}{3} r^3 \pi = \frac{1}{3} r^2 \pi \cdot h \Rightarrow h = 4r \wedge s^2 = h^2 + r^2 = 16r^2 + r^2 = 17r^2 \Rightarrow s = \sqrt{17}\, r$

$O_{Ku} = 4r^2 \pi$

$O_{Ke} = r^2 \pi + r\pi \cdot \sqrt{17}\, r = r^2 \pi + \sqrt{17}\, r^2 \pi = r^2 \pi (1 + \sqrt{17})$

$O_{Ku} : O_{Ke} = 4 : (1 + \sqrt{17})$

78. $\frac{V_{um}}{V_{ein}} = \frac{\frac{4}{3}(a\sqrt{2})^3 \pi}{\frac{4}{3} a^3 \pi} = \frac{2\sqrt{2}}{1}$

$\Rightarrow V_{Um} : V_{ein} = 2\sqrt{2} : 1$

$\frac{O_{um}}{O_{ein}} = \frac{4(a\sqrt{2})^2 \pi}{4a^2 \pi} = \frac{2}{1}$

$\Rightarrow O_{um} : O_{ein} = 2 : 1$

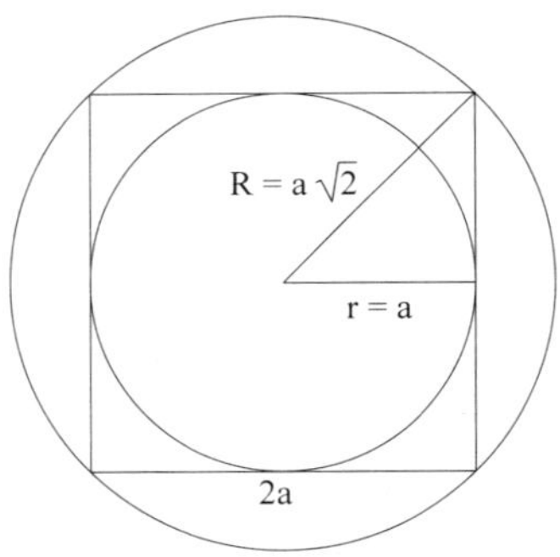

79. Aus der Kugel mit dem Radius r wird eine Kugel mit dem Radius $\frac{r}{2}$ herausgenommen.

$V = \frac{4}{3} r^3 \pi - \frac{4}{3} \left(\frac{r}{2}\right)^3 \pi$

$= \frac{4}{3} r^3 \pi - \frac{1}{6} r^3 \pi = \frac{7\pi}{6} r^3$

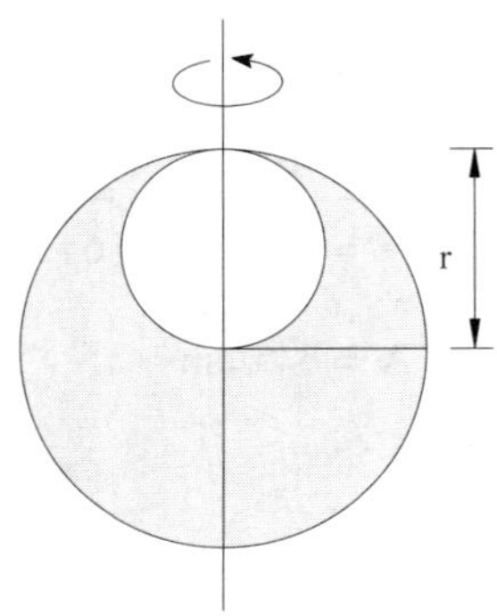

80. Die Mantelfläche besteht aus der Mantelfläche des Kegelstumpfes sowie der Halbkugel.

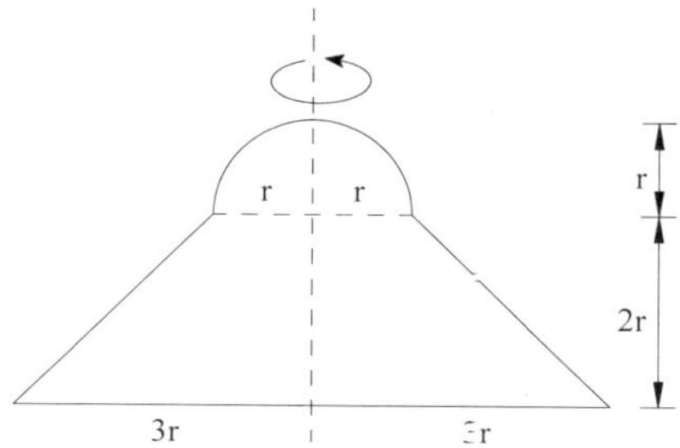

Für die Mantellinie des Gesamtkegels gilt:

$s^2 = (3r)^2 + (3r)^2 = 18r^2$

$\Rightarrow\ s = \sqrt{18} \cdot r = 3\sqrt{2} \cdot r$

Die Mantellinie des abgeschnittenen Kegels beträgt nach den Gesetzen der zentrischen Streckung

$s' = \frac{1}{3}s = \sqrt{2}\,r$

$M = 3r\pi \cdot 3\sqrt{2} \cdot r - r\pi \cdot \sqrt{2}\,r + \frac{1}{2} \cdot 4r^2\pi = 9\sqrt{2}\,r^2\pi - \sqrt{2}\,r^2\pi + 2r^2\pi$

$= 8\sqrt{2}\,r^2\pi + 2r^2\pi = r^2\pi\,(8\sqrt{2} + 2) \approx 41{,}83r^2$

81. Es muss gelten: $h = 2r$

$V_{Ke} = \frac{1}{3}r^2\pi \cdot 2r = \frac{2}{3}r^3\pi$

$V_{Ku} = \frac{4}{3}r^3\pi$

$V_{Zyl} = r^2\pi \cdot 2r = 2r^2\pi$

$V_{Ke} : V_{Ku} : V_{Zyl} = \frac{2}{3} : \frac{4}{3} : 2 = \frac{2}{3} : \frac{4}{3} : \frac{6}{3} = 2 : 4 : 6 = 1 : 2 : 3$

82. Für den Radius R des einbeschriebenen Kegels gilt:

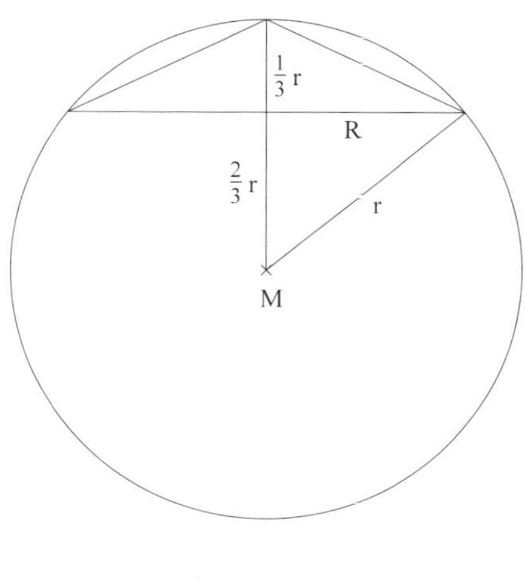

$R^2 = r^2 - \left(\frac{2}{3}r\right)^2 = r^2 - \frac{4}{9}r^2$

$= \frac{5}{9}r^2 \Rightarrow R = \frac{r}{3}\sqrt{5}$

$V_{Ke} = \frac{1}{3}R^2\pi h = \frac{1}{3} \cdot \frac{5}{9}r^2\pi \cdot \frac{1}{3}r$

$= \frac{5}{81}r^3\pi$

$V_{Ku} = \frac{4}{3}r^3\pi = \frac{108}{81}r^3\pi$

$V_{Ku} : V_{Ke} = 108 : 5$

83. $M_Z = 0{,}48 \cdot O_{Ku}$

$2R\pi h = 0{,}48 \cdot 4r^2\pi$

$R = 0{,}96 \cdot \frac{r^2}{h}$

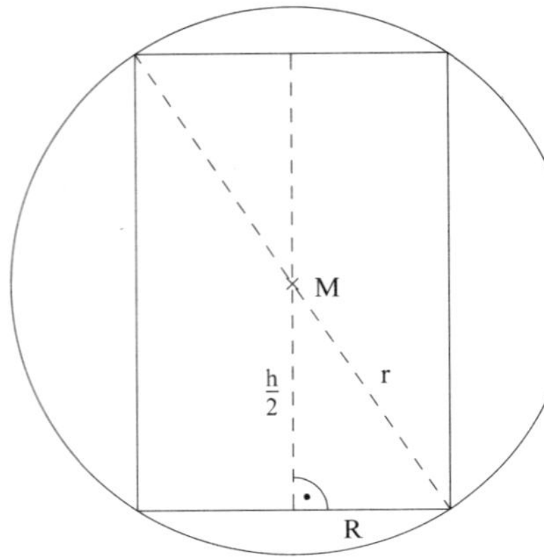

Ferner gilt mit dem Satz des Pythagoras

$$R^2 + \left(\frac{h}{2}\right)^2 = r^2$$

$$\left(0{,}96\,\frac{r^2}{h}\right)^2 + \left(\frac{h}{2}\right)^2 = r^2$$

$$0{,}96^2 \cdot \frac{r^4}{h^2} + \frac{h^2}{4} = r^2 \quad | \cdot 4h^2$$

$$4 \cdot 0{,}96^2\, r^4 + h^4 - 4r^2h^2 = 0$$

$$h^4 - 4r^2h^2 + 4 \cdot 0{,}96^2\, r^4 = 0$$

Das ist eine biquadratische Gleichung in $h^2 = x$

$$x^2 - 4r^2x + 4 \cdot 0{,}96^2 r^4 = 0$$

$$x_{1/2} = \frac{1}{2}(4r^2 \pm \sqrt{16r^4 - 16 \cdot 0{,}96^2\, r^4} = \frac{1}{2}(4r^2 \pm 4r^2 \cdot 0{,}28)$$

$$= \frac{1}{2}(4r^2 \pm 1{,}12r^2)$$

$$x_1 = 2{,}56r^2 = h^2 \Rightarrow h_1 = 1{,}6r \Rightarrow R_1 = 0{,}6r \left[h_1 = \frac{8}{5}r;\, R_1 = \frac{3}{5}r\right]$$

$$x_2 = 1{,}44r^2 = h^2 \Rightarrow h_2 = 1{,}2r \Rightarrow R_2 = 0{,}8r \left[h_2 = \frac{6}{5}r;\, R_2 = \frac{4}{5}r\right]$$

Es gibt zwei Lösungen:

$$V_{1Z} = R_1^2\,\pi h_1 = (0{,}6r)^2\pi \cdot 1{,}6r = 0{,}576r^3\pi \quad \left[V_1 = \frac{72}{125}r^3\pi\right]$$

$$V_{2Z} = R_2^2\,\pi h_2 = (0{,}8r)^2\pi \cdot 1{,}2r = 0{,}768r^3\pi \quad \left[V_2 = \frac{96}{125}r^3\pi\right]$$

84. Mit den Bezeichnungen der nebenstehenden Skizze gilt:

(1) $V_{Zyl} = V_{Ke}$

(2) $O_{Zyl} = O_{Ke}$

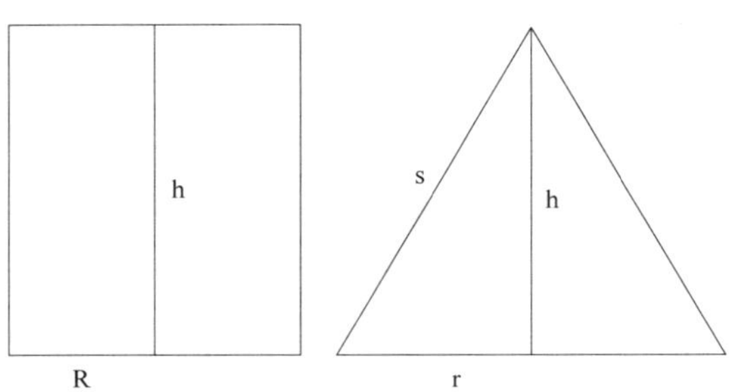

(1) $R^2\pi h = \frac{1}{3} r^2 \pi h \Rightarrow R^2 = \frac{1}{3} r^2 \Rightarrow R = \frac{r}{3}\sqrt{3}$

(2)
$$2R^2\pi + 2R\pi h = r^2\pi + r\pi\sqrt{r^2 + h^2}$$
$$\frac{2}{3} r^2\pi + \frac{2}{3}\sqrt{3} r\pi h = r^2\pi + r\pi\sqrt{r^2 + h^2} \quad | : r\pi$$
$$\frac{2}{3} r + \frac{2}{3}\sqrt{3} h = r + \sqrt{r^2 + h^2}$$
$$-\frac{1}{3} r + \frac{2}{3}\sqrt{3} h = \sqrt{r^2 + h^2} \quad | \,^2$$
$$\left(-\frac{1}{3} r + \frac{2}{3}\sqrt{3} h\right)^2 = \left(\sqrt{r^2 + h^2}\right)^2$$
$$\frac{1}{9} r^2 - \frac{4}{9}\sqrt{3} h r^2 + \frac{4}{3} h^2 = r^2 + h^2$$
$$-\frac{8}{9} r^2 - \frac{4}{9}\sqrt{3} h \cdot r + \frac{1}{3} h^2 = 0 \quad | \cdot(-1)$$
$$\frac{8}{9} r^2 + \frac{4}{9}\sqrt{3} h \cdot r - \frac{1}{3} h^2 = 0$$

$$r_{1/2} = \frac{1}{\frac{16}{9}}\left(-\frac{4}{9}\sqrt{3} h \underset{(-)}{+} \sqrt{\frac{16}{27} h^2 + \frac{32}{27} h^2}\right)$$

$$r_{1/2} = \frac{9}{16}\left(-\frac{4}{9}\sqrt{3} h \underset{(-)}{+} \sqrt{\frac{48}{27} h^2}\right) = \frac{9}{16}\left(-\frac{4}{9}\sqrt{3} h \underset{(-)}{+} \sqrt{\frac{16}{9} h}\right)$$

$$r_{1/2} = \frac{9}{16}\left(-\frac{4}{9}\sqrt{3} h \underset{(-)}{+} \frac{4}{3} h\right) = -\frac{1}{4}\sqrt{3} h \underset{(-)}{+} \frac{3}{4} h \Rightarrow r = \frac{h}{4}(3 - \sqrt{3})$$

$$V = \frac{1}{3} r^2 \pi h = \frac{1}{3} \cdot \left(\frac{h}{4}(3 - \sqrt{3})\right)^2 \cdot h = \frac{1}{3} \cdot \frac{h^2}{16}(9 - 6\sqrt{3} + 3) \cdot h$$
$$= \frac{1}{3} \cdot \frac{h^2}{16}(12 - 6\sqrt{3})\, h = \frac{1}{3} \cdot \frac{h^2}{16} \cdot 6\,(2 - \sqrt{3})\, h = \frac{h^3}{8}(2 - \sqrt{3})$$

$$O = 2R^2\pi + 2R\pi h = 2 \cdot \frac{1}{3}\left(\frac{h}{4}(3 - \sqrt{3})\right)^2 \pi + 2 \cdot \frac{1}{3} \cdot \frac{h}{4}(3 - \sqrt{3})\sqrt{3}\pi \cdot h$$
$$= \frac{2}{3}\left(\frac{h^2}{16}(9 - 6\sqrt{3} + 3)\right)\pi + \frac{2}{3} \cdot \frac{h}{4}(3\sqrt{3} - 3)\,\pi \cdot h$$
$$= \frac{2}{3} \cdot \frac{h^2}{16} \cdot 6\,(2 - \sqrt{3})\,\pi + \frac{2}{3} \cdot \frac{h^2}{4} \cdot 3\,(\sqrt{3} - 1)\,\pi$$
$$= \frac{h^2}{4}(2 - \sqrt{3})\,\pi + \frac{2h^2}{4}(\sqrt{3} - 1)\,\pi$$
$$= \frac{h^2}{2}\pi - \frac{h^2}{4}\sqrt{3}\pi + \frac{2h^2}{4}\sqrt{3}\pi - \frac{h^2}{2}\pi = \frac{h^2}{4}\sqrt{3}\pi$$

85. $V_{Ku} = 2 \cdot V_Z \wedge r_K = r_Z$

$\frac{4}{3} r^3 \pi = 2 \cdot r^2 \pi h \Rightarrow h = \frac{2}{3} r$

$O_{Ku} = 4r^2 \pi$

$O_{Zyl} = 2r^2 \pi + 2r\pi \cdot \frac{2}{3} r = 2r^2 \pi + \frac{4}{3} r^2 \pi = \frac{10}{3} r^2 \pi$

$O_{Ku} : O_{Zyl} = 4 : \frac{10}{3} = 12 : 10 = 6 : 5$

86. Es entstehen ein Zylinder mit dem Radius r und der Höhe 2r, ein Doppelkegel mit Radius r und jeweils der Höhe r sowie eine Kugel.

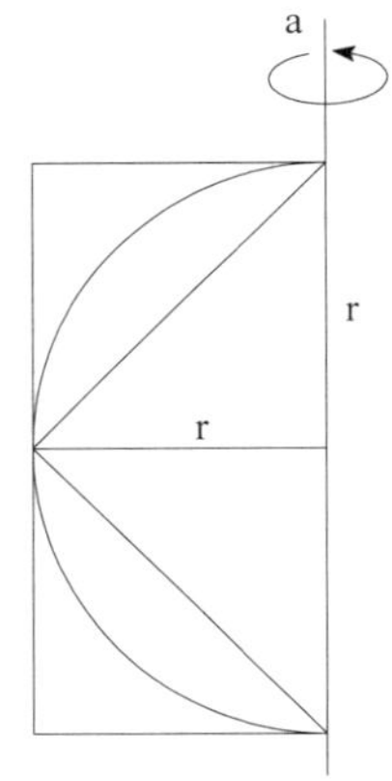

$V_Z = r^2 \pi h = r^2 \pi \cdot 2r = 2r^3 \pi$

$O_Z = 2r^2 \pi + 2r\pi h = 2r^2 \pi + 2r\pi \cdot 2r = 6r^2 \pi$

$V_{Ke} = \frac{1}{3} \cdot r^2 \pi \cdot r \cdot 2 = \frac{2}{3} r^3 \pi$

Die Oberfläche des Kegels besteht nur aus zwei Kegelmänteln. Für die Mantellinie s des Kegels gilt:

$s^2 = r^2 + r^2 = 2r^2 \Rightarrow s = \sqrt{2}\, r$

$O_{Ke} = 2 \cdot r\pi \cdot \sqrt{2}\, r = 2\sqrt{2}\, r^2 \pi$

$V_{Ku} = \frac{4}{3} r^3 \pi$

$O_{Ku} = 4r^2 \pi$

87. Aus dem Zylinder mit Radius r und der Höhe 2r wird eine Kugel mit dem Radius r herausgenommen. Angesetzt ist ein Kegel mit dem Radius r und der Höhe r.

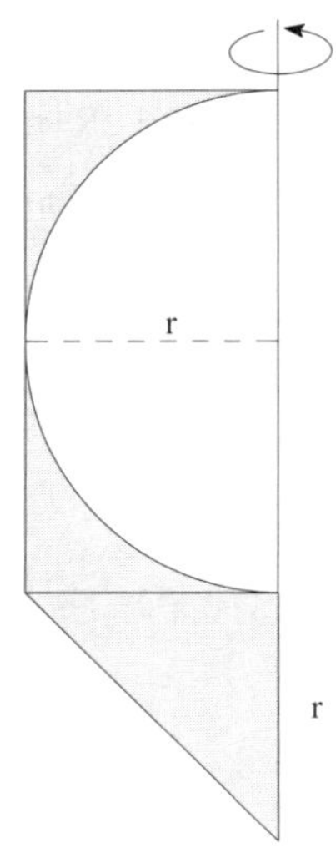

$V = r^2 \pi \cdot 2r - \frac{4}{3} r^3 \pi + \frac{1}{3} r^2 \pi r$

$= 2r^3 \pi - \frac{4}{3} r^3 \pi + \frac{1}{3} r^3 \pi = r^3 \pi$

88. Für die Masse der Kugel gilt: $m = \rho \cdot V \Rightarrow V = \frac{m}{\rho}$

Für das Volumen des Zylinders gilt:

$V = r^2\pi \cdot h \Rightarrow h = \frac{V}{r^2\pi} \Rightarrow h = \frac{V}{r^2\pi} = \frac{m}{\rho\, r^2\pi} = \frac{15}{2{,}6 \cdot 3^2\,\pi}$ cm $= 0{,}20$ cm

89. a) Satz des Pythagoras

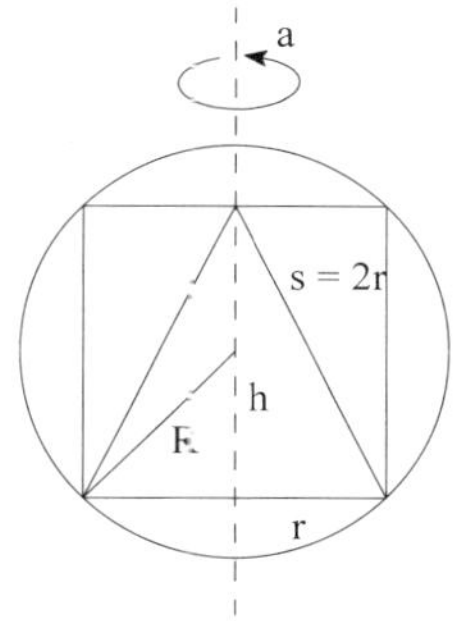

$h^2 = s^2 - r^2 = (2r)^2 - r^2 = 4r^2 - r^2$

$= 3r^2 \Rightarrow h = r\sqrt{3}$

$R^2 = \left(\frac{h}{2}\right)^2 + r^2 = \left(\frac{r}{2}\sqrt{3}\right)^2 + r^2$

$= \frac{3}{4}r + r^2 = \frac{7}{4}r^2 \Rightarrow R = \frac{r}{2}\sqrt{7}$

b) $O_{Ku} = 4R^2\pi = 4 \cdot \frac{7}{4}r^2\pi = 7r^2\pi$

$O_{Zyl} = 2r^2\pi + 2r\pi \cdot h$

$= 2r^2\pi + 2r\pi \cdot r\sqrt{3}$

$= 2r^2\pi + 2\sqrt{3}\,r^2\pi$

$= 2r^2\pi\,(1 + \sqrt{3}\,)$

$O_{Ke} = r^2\pi + r\pi s = r^2\pi + r\pi \cdot 2r = r^2\pi + 2r^2\pi = 3r^2\pi$

$O_{Ku} : O_{Zyl} : O_{Ke} = 7 : (2 + 2\sqrt{3}\,) : 3$

90. Für die Höhe h des Zylinders gilt:

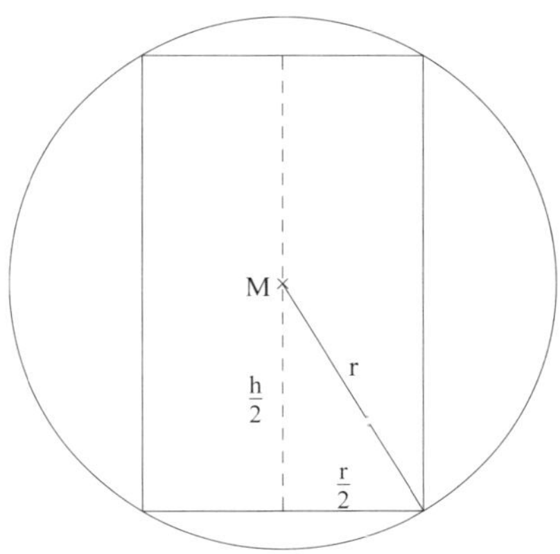

$\left(\frac{h}{2}\right)^2 = r^2 - \left(\frac{r}{2}\right)^2 = r^2 - \frac{r^2}{4}$

$= \frac{3}{4}r^2$

$\frac{h^2}{4} = \frac{3}{4}r^2 \Rightarrow h = r\sqrt{3}$

$V_{Zyl} = \left(\frac{r}{2}\right)^2 \pi \cdot h = \frac{r^2}{4} \cdot \pi \cdot r\sqrt{3}$

$= \frac{\sqrt{3}}{4}r^3\pi$

$V_{Ku} = \frac{4}{3}r^3\pi$

$p = \frac{V_{Ku} - V_{Zyl}}{V_{Zyl}} \cdot 100\,\%$

$= \frac{r^3\pi\left(\frac{4}{3} - \frac{\sqrt{3}}{4}\right)}{r^3\pi \cdot \frac{\sqrt{3}}{4}} \cdot 100 \approx 207{,}92\,\%$

91. Für die Höhe h des gleichseitigen Kegels gilt:

$h = \frac{3}{2} r \wedge h = R\sqrt{3}$

$\Rightarrow R\sqrt{3} = \frac{3}{2} r \Rightarrow R = \frac{3}{2\sqrt{3}} r = \frac{\sqrt{3}}{2} r$

$O_{Ku} = 4r^2 \pi;$

$O_{Ke} = R^2 \pi + R\pi s = \frac{3}{4} r^2 \pi + \frac{\sqrt{3}}{2} r \cdot \pi \cdot 2 \frac{\sqrt{3}}{2} r$

$= \frac{3}{4} r^2 \pi + \frac{3}{4} r^2 \pi = \frac{3}{2} r^2 \pi$

$V_{Ku} = \frac{4}{3} r^3 \pi;$

$V_{Ke} = \frac{1}{3} R^2 \pi \cdot h = \frac{1}{3} \cdot \frac{3}{4} r^2 \pi \cdot \frac{3}{2} r = \frac{3}{8} r^3 \pi$

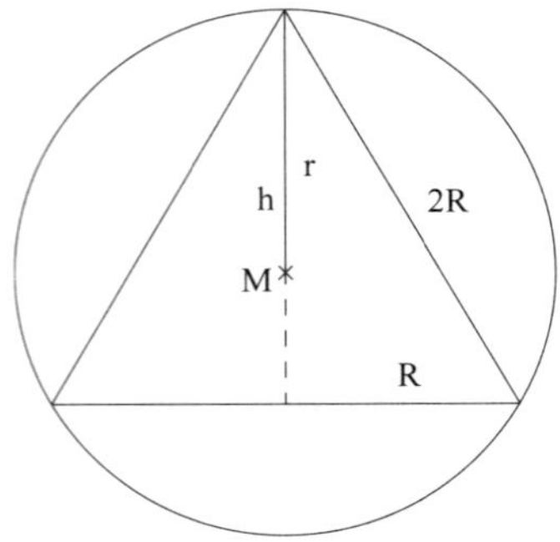

92. a) Wegen $h = R \cdot \sqrt{3} \Rightarrow$ Kugel ist gleichseitig.

$\Rightarrow r = \frac{1}{3} h = 2\sqrt{3}$ cm

b) $V_{Ku} = \frac{4}{3} r^3 \pi = \frac{4}{3} \cdot \left(\frac{h}{3}\right)^3 \pi = \frac{4}{81} h^3 \pi$

$V_{Ke} = \frac{1}{3} R^2 \pi h = \frac{1}{3} \cdot \left(\frac{h}{\sqrt{3}}\right)^2 \pi h$

$= \frac{1}{3} \cdot \frac{h^2}{3} \pi h = \frac{1}{9} h^3 \pi$

$\Rightarrow V_{Ku} : V_{Ke} = \frac{4}{81} : \frac{1}{9} = 4 : 9$

In Zahlen: $V_{Ke} = 72\sqrt{3}\,\pi\ cm^3$; $V_{Ku} = 32\sqrt{3}\,\pi\ cm^3$

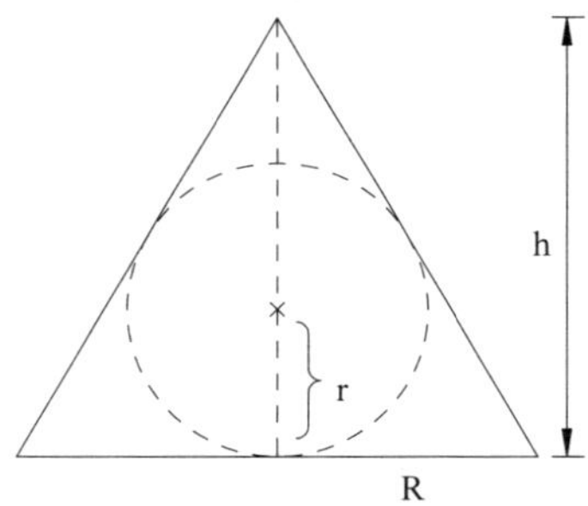

93. a) Aus den Gesetzmäßigkeiten der zentrischen Streckung folgt:

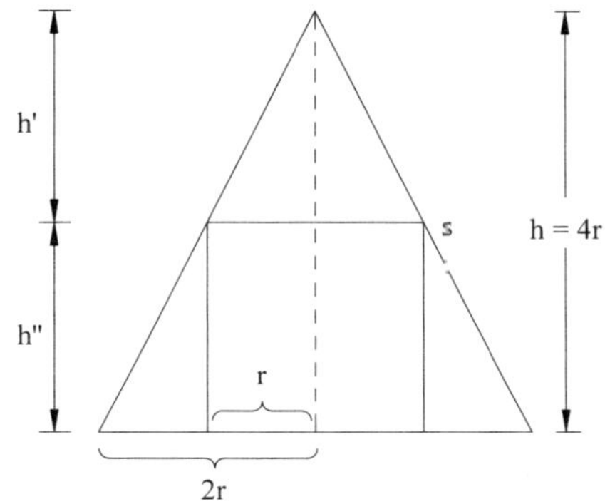

$h' : h = r : 2r = \frac{1}{2} \Rightarrow$

$h' = \frac{1}{2} h = 2r$

$h'' = \frac{1}{2} h = 2r$

$h_Z = h' = 2r$

b) $V_{Zyl} = r^2\pi \cdot 2r = 2r^3\pi$

$V_{Ke} = \frac{1}{3}(2r)^2\pi \cdot 4r = \frac{16}{3} r^3 \pi$

$\Rightarrow V_{Zyl} : V_{Ke} = 2 : \frac{16}{3} = 6 : 16 = 3 : 8$

Für die Mantellinie s des Kegels gilt:

$s^2 = h^2 + (2r)^2 = 16r^2 + 4r^2 = 20r^2 \Rightarrow s = r\sqrt{20} = 2r\sqrt{5}$

$M_{Zyl} = 2r\pi \cdot h = 2r\pi \cdot 2r = 4r^2\pi$

$M_{Ke} = R\pi s = 2r\pi \cdot 2r\sqrt{5} = 4r^2\pi\sqrt{5}$

$\Rightarrow M_{Zyl} : M_{Ke} = 1 : \sqrt{5}$

94. $O_{Ke} = r_K^2\pi + r_K\pi s = 2r_Z^2\pi + 2r_Z\pi \cdot h = O_{Zyl}$

$(4a)^2\pi + 4a\pi s = 2\cdot(3a)^2\pi + 2\cdot 3a\pi \cdot 7a$

$16a^2\pi + 4a\pi s = 18a^2\pi + 42a^2\pi$

$4a\pi s = 44a^2\pi \Rightarrow s = 11a$

Mit dem Satz des Pythagoras gilt für die Höhe h des Kegels:

$h^2 = s^2 - r_K^2 = 121a^2 - 16a^2 = 105a^2 \Rightarrow h = a\sqrt{105}$

$M_{Ke} = r_K\pi s = 4a\pi \cdot 11a = 44a^2\pi$

$V_{Ke} = \frac{1}{3} r_K^2 \pi h = \frac{1}{3} \cdot 16a^2\pi \cdot a\sqrt{105} = \frac{16}{3}\sqrt{105}\, a^3\pi \approx 171{,}69a^2$

95. Für die Höhe des Zylinders gilt:

$h = 2R$

Mit dem Satz des Pythagoras erhält man:

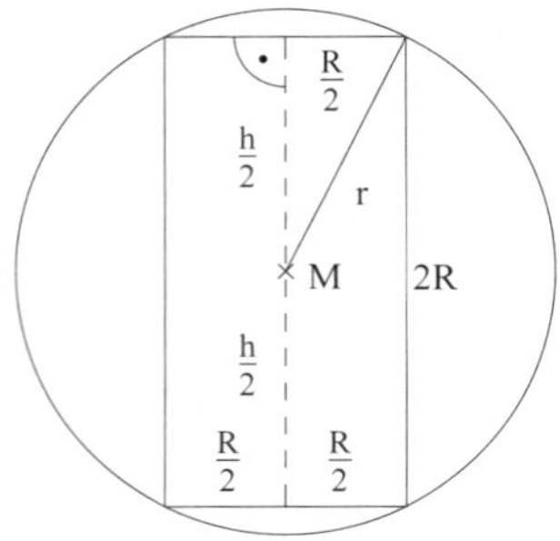

$\left(\frac{h}{2}\right)^2 + \left(\frac{R}{2}\right)^2 = r^2$

$R^2 + \frac{R^2}{4} = r^2 \Rightarrow \frac{5}{4}R^2 = r^2 \Rightarrow$

$r = \frac{R}{2}\sqrt{5}$

$V_{Ku} = \frac{3}{4}r^3\pi = \frac{4}{3}\cdot\left(\frac{R}{2}\sqrt{5}\right)^3\pi = \frac{4}{3}\cdot\frac{5\sqrt{5}}{8}R^3\pi = \frac{5}{6}\sqrt{5}\,R^3\pi$

$V_{Zyl} = \left(\frac{R}{2}\right)^2\pi\cdot 2R = \frac{R^2}{4}\pi\cdot 2R = \frac{R^3}{2}\pi$

$\Rightarrow V_{Ku} : V_{Zyl} = \frac{5}{6}\sqrt{5} : \frac{1}{2} = 5\sqrt{5} : 3$

96. Der Rotationskörper ist eine Halbkugel mit aufgesetztem Kegel. Für die Höhe h des Kegels gilt:

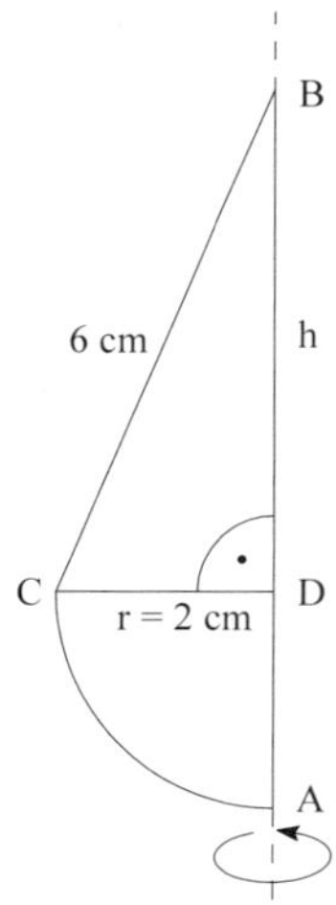

$h^2 = 6^2 - 2^2 = 36 - 4 = 32$

$\Rightarrow h = \sqrt{32} = 4\sqrt{2}$ cm

$V = \frac{1}{2}\cdot\frac{4}{3}r^3\pi + \frac{1}{3}r^2\pi h$

$= \frac{2}{3}\cdot 2^3\pi + \frac{1}{3}\cdot 2^2\pi\cdot 4\sqrt{2} = \frac{16}{3}\pi + \frac{16}{3}\sqrt{2}\,\pi$

$= \frac{16}{3}\pi\,(1 + \sqrt{2})\ \text{cm}^3 \approx 40{,}5\ \text{cm}^3$

$O = \frac{1}{2}\cdot 4r^2\pi + r\pi s = \frac{1}{2}\cdot 4\cdot 2^2\pi + 2\pi\cdot 6$

$= 8\pi + 12\pi = 20\pi\ \text{cm}^2 \approx 62{,}8\ \text{cm}^2$

97. Es entsteht ein Zylinder mit einer aufgesetzten Halbkugel.

$V = r^2\pi \cdot h + \frac{1}{2}\cdot\frac{4}{3} r^3\pi = 16\pi \cdot 8 + \frac{1}{2}\cdot\frac{4}{3}\cdot 4^3\pi$

$= 128\pi + \frac{128}{3}\pi = \frac{512}{3}\pi\ \text{cm}^3 \approx 536{,}17\ \text{cm}^3$

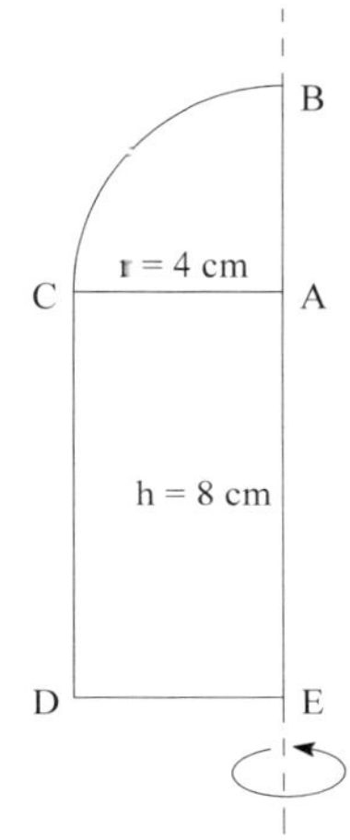

98. $r_{Ke} = 2 \cdot r_{Ku} = r \Rightarrow r_{Ku} = \frac{1}{2} r$

$V_{Ke} = 2 \cdot V_{Ku}$

$\frac{1}{3} r^2\pi \cdot h = 2 \cdot \frac{4}{3}\cdot\left(\frac{r}{2}\right)^3 \pi$

$\frac{1}{3} r^2\pi \cdot h = 2 \cdot \frac{4}{3}\cdot\frac{r^3}{8}\pi$

$\frac{1}{3} r^2\pi \cdot h = \frac{1}{3} r^3\pi \Rightarrow h = r$

Für die Mantellinie s des Kegels gilt:

$s^2 = h^2 + r^2 = r^2 + r^2 = 2r^2 \Rightarrow s = \sqrt{2}\, r$

$M_{Ke} = r\pi s = r\pi \cdot \sqrt{2}\, r = r^2\sqrt{2}\,\pi$

99. a) $M_Z = 4 \cdot G$

$2r\pi \cdot h = 4 \cdot r^2\pi \Rightarrow h = 2r$ (gleichseitiger Zylinder!)

$M_Z = 2r\pi \cdot 2r = 4r^2\pi = O_{Ku}$

b) Aus der nebenstehenden Skizze erhält man mithilfe der Gesetzmäßigkeiten der zentrischen Streckung

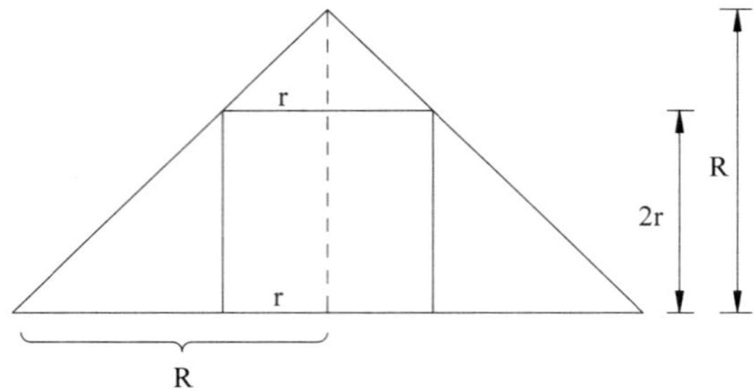

$\frac{r}{R} = \frac{R - 2r}{R}$

$\Rightarrow\ r = R - 2r$

$\Rightarrow\ R = 3r$

$O_{Zyl} = 2r^2\pi + 2r\pi \cdot 2r = 2r^2\pi + 4r^2\pi = 6r^2\pi$

$O_{Ke} = R^2\pi + R\,\pi s \quad \text{mit } s^2 = R^2 + R^2 = 2R^2 \Rightarrow s = R\sqrt{2} = 3r\sqrt{2}$

$O_{Ke} = (3r)^2\pi + 3r\pi \cdot 3r\sqrt{2} = 9r^2\pi + 9r^2\pi\sqrt{2} = 9r^2\pi\,(1 + \sqrt{2}\,)$

$O_{Zyl} : O_{Ke} = 6 : 9\,(1 + \sqrt{2}\,) = 2 : 3\,(1 + \sqrt{2}\,)$

100. Aus einer Halbkugel mit dem Radius 5a nimmt man einen Zylinder mit dem Radius 4a und der Höhe a sowie einen Kegelstumpf heraus. Den Kegelstumpf erhält man, wenn man vom Kegel mit dem Radius 4a und der Höhe 4a den Kegel an der Spitze mit Radius a und Höhe a wegnimmt.

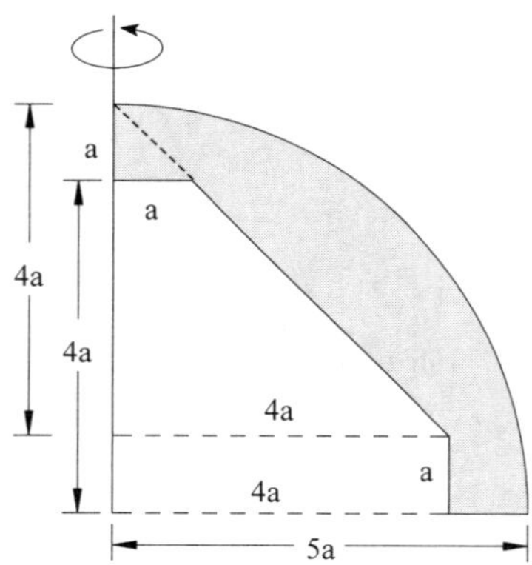

$$V = \frac{1}{2} \cdot \frac{4}{3}(5a)^3\pi - (4a)^2\pi \cdot a - \left(\frac{1}{3} \cdot (4a)^2\pi \cdot 4a - \frac{1}{3}a^2\pi a\right)$$

$$= \frac{2}{3} \cdot 125a^3\pi - 16a^3\pi - \left(\frac{64}{3}a^3\pi - \frac{1}{3}a^3\pi\right)$$

$$= \frac{250}{3}a^3\pi - \frac{48}{3}a^3\pi - \frac{63}{3}a^3\pi = \frac{139}{3}a^3\pi \approx 145{,}56a^3$$

101. a) Für den Bogen b gilt, wenn s die Mantellinie des Kegels ist:

$b = \frac{\varphi}{180°} \cdot s\pi = 18{,}85 \text{ cm}$

$\Rightarrow\ s = \frac{18{,}85 \cdot 180}{216 \cdot \pi} = 5{,}00 \text{ cm}$

Die Bogenlänge b ist der Umfang des Grundkreises:
$b = 2r\pi = 18{,}85 \text{ cm}$

$\Rightarrow\ r = \frac{18{,}85 \text{ cm}}{2\pi} = 3{,}00 \text{ cm}$

Für die Höhe h gilt im Kegel:
$h^2 = s^2 - 4^2 = 25 - 9 = 16$
$\Rightarrow\ h = 4 \text{ cm}$

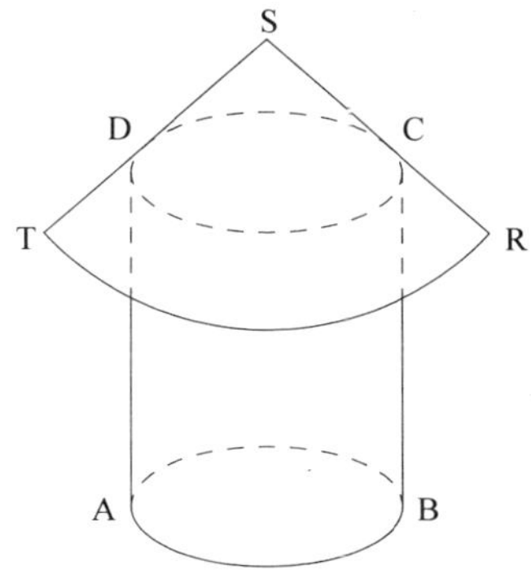

b) Ein Querschnitt durch die Figur zeigt, dass aus der zentrischen Streckung folgt:

$\frac{h'}{h} = \frac{r'}{r}$

$\Rightarrow\ h' = \frac{2{,}5}{3} \cdot 4 \text{ cm} = \frac{10}{3} \text{ cm}$

$V_{CSD} = \frac{1}{3} r'^2 \pi \cdot h'$

$= \frac{1}{3} \cdot (2{,}5)^2 \pi \cdot \frac{10}{3} \text{ cm}^3$

$\approx 21{,}82 \text{ cm}^3$

c) $V = \frac{1}{2} \cdot \frac{4}{3} \cdot (2{,}5)^3 \pi \approx 32{,}72 \text{ cm}^3$

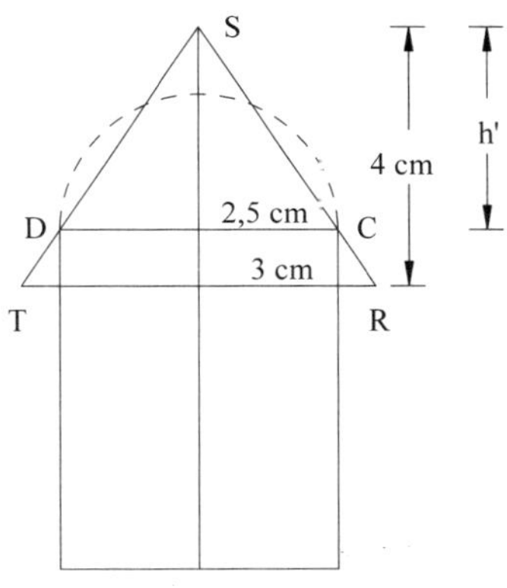

102. a) Aus den Eigenschaften der zentrischen Streckung folgt:

$\frac{h}{h-r} = \frac{3r}{r}$

$h = 3h - 3r$

$2h = 3r \ \Rightarrow\ h = \frac{3}{2} r$

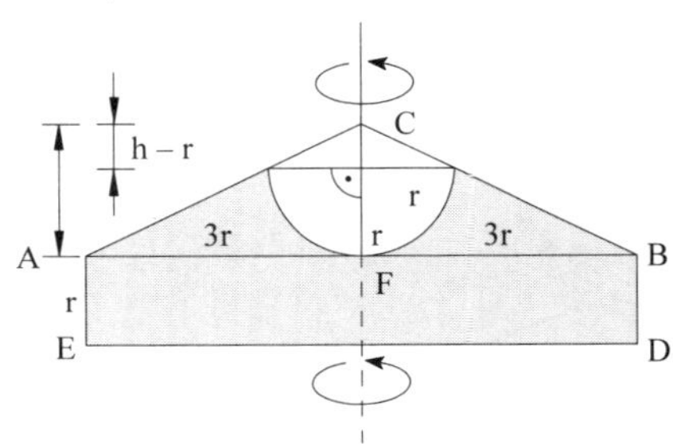

b) Der Körper ist ein Zylinder mit einem aufgesetzten Kegel, aus dem eine Halbkugel und ein kleiner Kegel herausgenommen sind. Mit den Maßen der Skizze erhält man:

$$V = (3r)^2\pi \cdot r + \frac{1}{3} \cdot (3r)^2\pi \cdot \frac{3}{2}r - \frac{1}{2} \cdot \frac{4}{3}r^3\pi - \frac{1}{3}r^2\pi \cdot \frac{r}{2}$$
$$= 9r^3\pi + \frac{9}{2}r^3\pi - \frac{2}{3}r^3\pi - \frac{1}{6}r^3\pi = \frac{27}{2}r^3\pi - \frac{5}{6}r^3\pi$$
$$= \frac{81}{6}r^3\pi - \frac{5}{6}r^3\pi = \frac{76}{6}r^3\pi = \frac{38}{3}r^3\pi$$

103. a) Der Körper ist eine Halbkugel mit einem aufgesetzten Zylinder, aus dem ein Kegel herausgenommen ist.

$$V = \frac{1}{2} \cdot \frac{4}{3} \cdot a^3\pi + \left(\frac{3}{4}a\right)^2 \pi \cdot 2a$$
$$-\frac{1}{3} \cdot \left(\frac{3}{4}a\right)^2 \cdot a\pi$$
$$= \frac{2}{3}a^3\pi + \frac{9}{8}a^3\pi - \frac{3}{16}a^3\pi$$
$$= \frac{32}{48}a^3\pi + \frac{54}{48}a^3\pi - \frac{9}{48}a^3\pi$$
$$= \frac{77}{48}a^3\pi$$

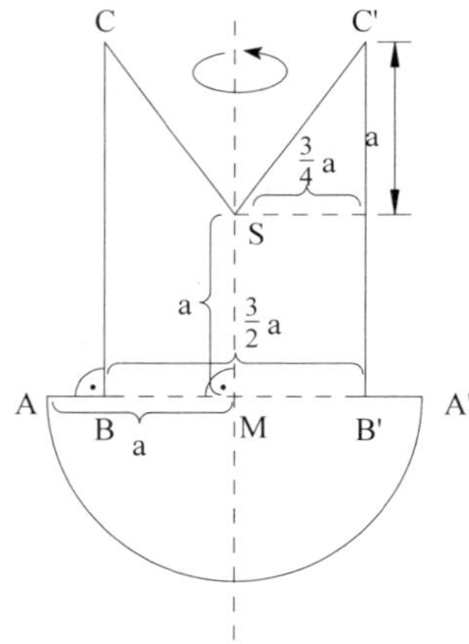

b) $\overline{CS}$ ergibt sich aus dem Satz des Pythagoras:

$$\overline{CS}^2 = a^2 + \left(\frac{3}{4}a\right)^2 = a^2 + \frac{9}{16}a^2 = \frac{25}{16}a^2 \Rightarrow \overline{CS} = \frac{5}{4}a$$

Die Oberfläche besteht aus dem Kegelmantel, dem Zylindermantel, der Halbkugeloberfläche sowie einem Kreisring.

$$O = \frac{3}{4}a\pi \cdot \frac{5}{4}a + 2 \cdot \frac{3}{4}a\pi \cdot 2a + \frac{1}{2} \cdot 4a^2\pi + a^2\pi - \left(\frac{3}{4}a\right)^2\pi$$
$$= \frac{15}{16}a^2\pi + 3a^2\pi + 2a^2\pi + a^2\pi - \frac{9}{16}a^2\pi = \frac{102}{16}a^2\pi = \frac{51}{8}a^2\pi$$

104. a) $\frac{V_{Zyl}}{V_{Ku}} = \frac{\left(\frac{a}{2}\right)^2 \pi \cdot a}{\frac{4}{3} \cdot \left(\frac{a}{2}\right)^3 \pi} = \frac{\frac{a^3}{4} \pi}{\frac{a^3}{6} \pi} = \frac{6}{4} = \frac{3}{2}$

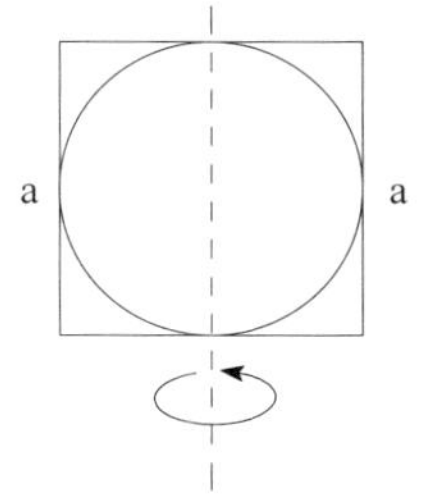

$\Rightarrow V_{Zyl} : V_{Ku} = 3 : 2$

b) $O_{Zyl} = O_{Ku} + 32\pi$

$$2 \cdot \left(\frac{a}{2}\right)^2 \pi + 2 \cdot \frac{a}{2} \pi \cdot a = 4 \cdot \left(\frac{a}{2}\right)^2 \pi + 32\pi \quad | : \pi$$

$$\frac{a^2}{2} \pi + a^2 \pi = a^2 \pi + 32\pi$$

$$\frac{a^2}{2} = 32$$

$$a^2 = 64$$

$$a = 8 \text{ cm}$$

105. a) Für den Bogen $b = 2r\pi$ gilt:

$b = \frac{180°}{180°} \cdot a\pi = 2r\pi$

$\Rightarrow r = \frac{a}{2}$

Es handelt sich um einen gleichseitigen Kegel.

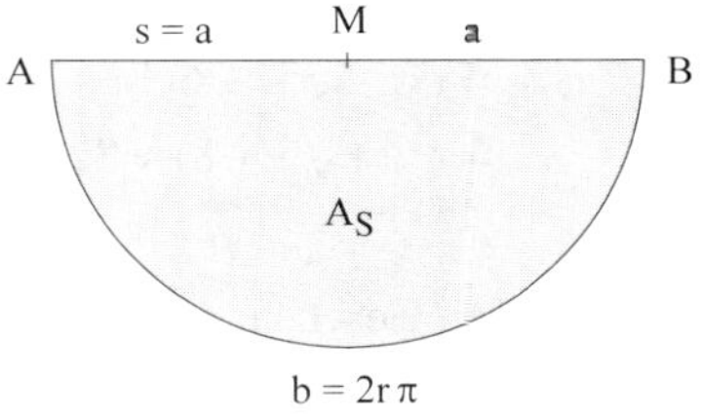

b) Mit dem Satz des Pythagoras gilt:

$h^2 = a^2 - \left(\frac{a}{2}\right)^2 = a^2 - \frac{a^2}{4}$

$= \frac{3}{4} a^2 \Rightarrow h = \frac{a}{2}\sqrt{3}$

$V = \frac{1}{3} \cdot \left(\frac{a}{2}\right)^2 \pi \cdot \frac{a}{2}\sqrt{3} = \frac{a^3}{24}\sqrt{3}\pi$

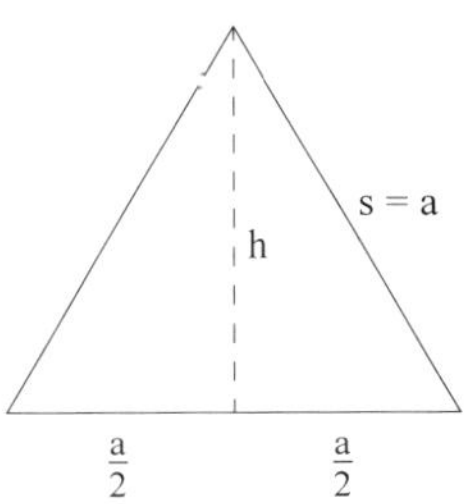

c) $\frac{a^3}{24}\sqrt{3}\pi = 1\,000 \text{ cm}^3$

$a^3 = \frac{1\,000 \cdot 24}{\sqrt{3}\pi} \Rightarrow a = \sqrt[3]{\frac{1\,000 \cdot 24}{\sqrt{3}\pi}} \text{ cm} = 16{,}4 \text{ cm}$

106. a) Der Körper ist ein Zylinder mit dem Radius r und der Höhe 3r, aus dem ein Kegel mit dem Radius r und der Höhe 2r sowie eine Halbkugel mit dem Radius r herausgenommen sind.

$$V = r^2\pi \cdot 3r - \frac{1}{3} r^2\pi \cdot 2r - \frac{1}{2} \cdot \frac{4}{3} r^3\pi$$

$$= 3r^3\pi - \frac{2}{3} r^3\pi - \frac{2}{3} r^3\pi = \frac{5}{3} r^3\pi$$

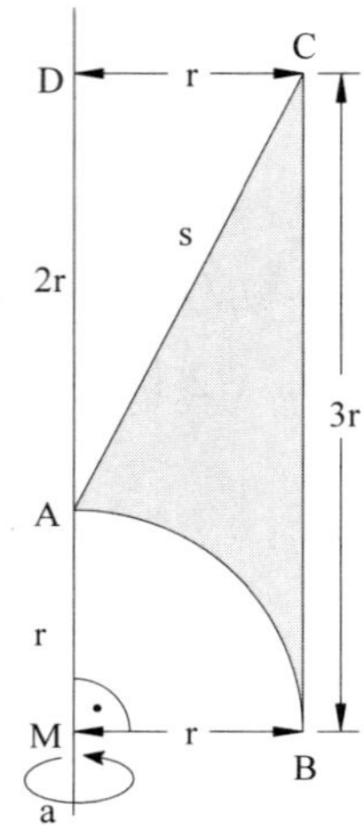

b) Die Oberfläche besteht aus dem Kegelmantel, dem Zylindermantel sowie einer Halbkugeloberfläche.

Für die Mantellinie s des Kegels gilt:

$$s^2 = (2r)^2 + r^2 = 4r^2 + r^2 = 5r^2$$

$$\Rightarrow \; s = r\sqrt{5}$$

$$O = r\pi \cdot r\sqrt{5} + 2r\pi \cdot 3r + \frac{1}{2} \cdot 4r^2\pi$$

$$= r^2\pi \cdot \sqrt{5} + 6r^2\pi + 2r^2\pi$$

$$= r^2\pi\,(\sqrt{5} + 8) \approx 32{,}16r^2$$

107. Aus den Gesetzen der zentrischen Streckung folgt mit den Maßen der angegebenen Skizze

$$\frac{r'}{\frac{d}{2}} = \frac{h-s}{h}$$

$$\Rightarrow r' = \frac{h-s}{h} \cdot \frac{d}{2} = \frac{9{,}3}{11} \cdot 3{,}3 \text{ cm} = 2{,}79 \text{ cm}$$

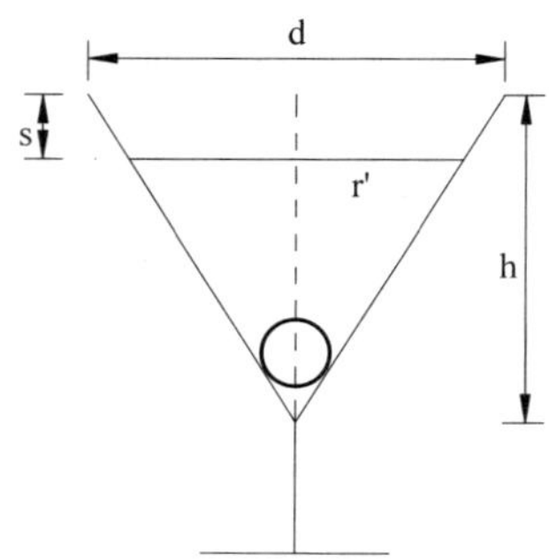

Das Flüssigkeitsvolumen ist das Kegelvolumen mit Radius r' und Höhe h – s, vermindert um das Volumen der Olive.

$$V = \frac{1}{3} r'^2 \pi \cdot (h-s) - \frac{4}{3} \cdot R^3\pi$$

$$= \frac{1}{3} \cdot (2{,}79)^2 \pi \cdot 9{,}3 - \frac{4}{3} \cdot 0{,}9^3 \pi$$

$$\approx 72{,}76 \text{ cm}^3$$

108. Es entsteht eine Halbkugel mit dem Radius b, aus der ein Kegel mit dem Radius und der Höhe $\frac{b}{2}$ herausgenommen wird.

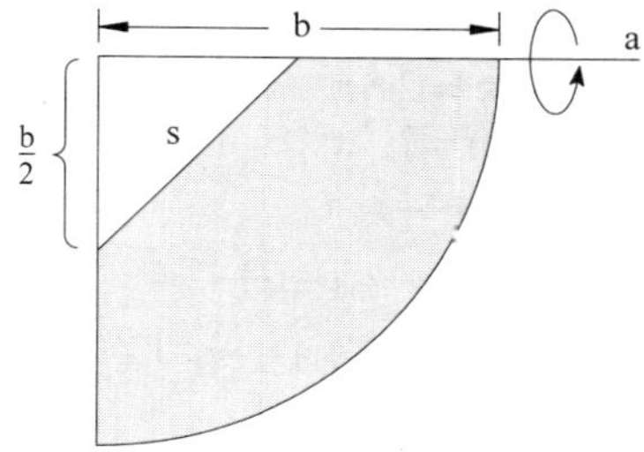

$$V = \frac{1}{2} \cdot \frac{4}{3} b^3 \pi - \frac{1}{3} \cdot \left(\frac{b}{2}\right)^2 \pi \cdot \frac{b}{2}$$
$$= \frac{2}{3} b^3 \pi - \frac{1}{24} b^3 \pi$$
$$= \frac{16}{24} b^3 \pi - \frac{1}{24} b^3 \pi$$
$$= \frac{15}{24} b^3 \pi = \frac{5}{8} b^3 \pi$$

Die Oberfläche besteht aus der Halbkugelfläche, dem Kegelmantel sowie einem Kreisring. Für die Mantellinie s des Kegels gilt:

$$s^2 = \left(\frac{b}{2}\right)^2 + \left(\frac{b}{2}\right)^2 = \frac{b^2}{2} \Rightarrow s = \frac{b}{2}\sqrt{2}$$

$$O = \frac{1}{2} \cdot 4b^2 \pi + \frac{b}{2} \pi \cdot \frac{b}{2} \sqrt{2} + b^2 \pi - \left(\frac{b}{2}\right)^2 \pi$$
$$= 2b^2 \pi + \frac{b^2}{4} \sqrt{2}\, \pi + b^2 \pi - \frac{b^2}{4} \pi = \frac{11}{4} b^2 \pi + \frac{b^2}{4} \sqrt{2} \pi$$
$$= \frac{b^2}{4} \pi \,(11 + \sqrt{2}\,) \approx 9{,}75 b^2$$

109. Der Körper ist ein Zylinder mit aufgesetztem Kegel. Aus dem Zylinder ist eine Halbkugel herausgenommen. Wegen des 45°-Winkels gilt für den Kegel, dass sowohl der Radius als auch die Höhe den Wert a besitzen. Die Mantellinie s ist dann $a\sqrt{2}$.

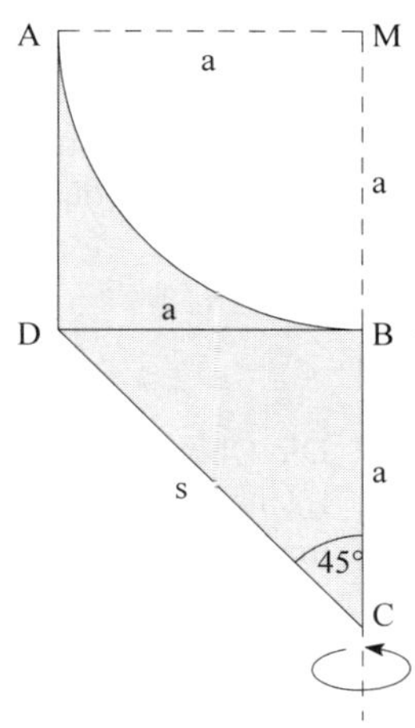

$$V = a^2 \pi \cdot a + \frac{1}{3} a^2 \pi \cdot a - \frac{1}{2} \cdot \frac{4}{3} a^3 \pi$$
$$= a^3 \pi + \frac{1}{3} a^3 \pi - \frac{2}{3} a^3 \pi = \frac{2}{3} a^3 \pi$$

Die Oberfläche besteht aus dem Zylindermantel, dem Kegelmantel sowie der Halbkugelfläche.

$$O = 2a\pi \cdot a + a\pi \cdot a\sqrt{2} + \frac{1}{2} \cdot 4a^2 \pi$$
$$= 2a^2 \pi + a^2 \pi \sqrt{2} + 2a^2 \pi$$
$$= 4a^2 \pi + \sqrt{2}\, a^2 \pi = a^2 \pi \,(4 + \sqrt{2}\,)$$
$$\approx 17a^2$$

110. $O_{Ku} = O_{Zyl}$

$4r^2\pi = 2r^2\pi + 2r\pi h$

$2r\pi h = 2r^2\pi \Rightarrow h = r$

$V_{Ku} = \frac{4}{3} r^3 \pi$

$V_{Zyl} = r^2\pi \cdot r = r^3\pi$

$\Rightarrow V_{Ku} : V_{Zyl} = \frac{4}{3} : 1 = 4 : 3$

111. Da M die Mitte der Hypotenuse ist, gilt

$\overline{MD} = \frac{r}{2}, \quad \overline{BD} = \overline{DC} = \frac{1}{2}h$

Der Rotationskörper ist ein Kegel, von dem die Spitze abgeschnitten ist und ein Zylinder herausgenommen ist.

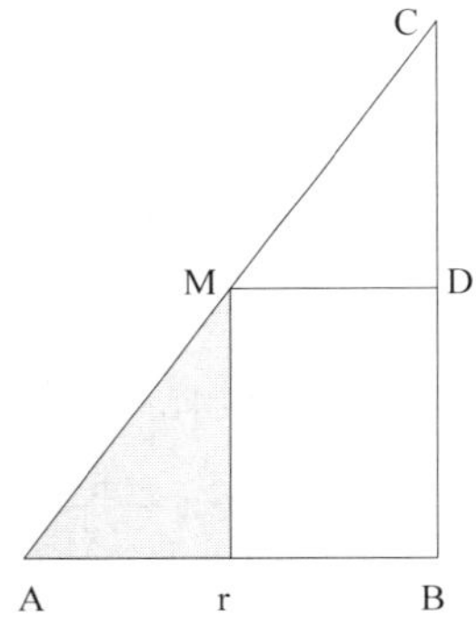

$$V = \frac{1}{3} r^2\pi h - \left(\frac{r}{2}\right)^2 \pi \cdot \frac{h}{2} - \frac{1}{3}\left(\frac{r}{2}\right)^2 \pi \cdot \frac{h}{2}$$
$$= \frac{1}{3} r^2\pi h - \frac{1}{8} r^2\pi h - \frac{1}{24} r^2\pi h$$
$$= \frac{8}{24} r^2\pi h - \frac{3}{24} r^2\pi h - \frac{1}{24} r^2\pi h$$
$$= \frac{4}{24} r^2\pi h = \frac{1}{6} r^2\pi h$$

112. Der Rotationskörper ist ein Zylinder mit Radius r und der Höhe 3r, aus dem eine Halbkugel mit Radius r und ein Kegel mit dem Radius r und der Höhe 2r herausgenommen wird.

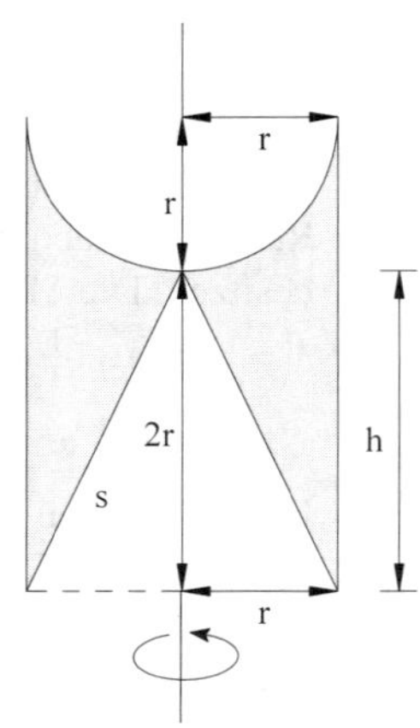

$$V = r^2\pi \cdot 3r - \frac{1}{2} \cdot \frac{4}{3} r^3\pi - \frac{1}{3} r^2\pi \cdot 2r$$
$$= 3r^3\pi - \frac{2}{3} r^3\pi - \frac{2}{3} r^3\pi = \frac{5}{3} r^3\pi$$

Die Oberfläche besteht aus der Halbkugelfläche, dem Zylindermantel sowie dem Kegelmantel. Für die Mantellinie s des Kegels gilt:

$s^2 = (2r)^2 + r^2 = 4r^2 + r^2 = 5r^2 \Rightarrow s = r\sqrt{5}$

$$O = \frac{1}{2} \cdot 4r^2\pi + 2r\pi \cdot 3r + r\pi \cdot r\sqrt{5}$$
$$= 2r^2\pi + 6r^2\pi + \sqrt{5}\, r^2\pi = 8r^2\pi + \sqrt{5}\, r^2\pi$$
$$= r^2\pi\,(8 + \sqrt{5}) \approx 32{,}16r^2$$

113. 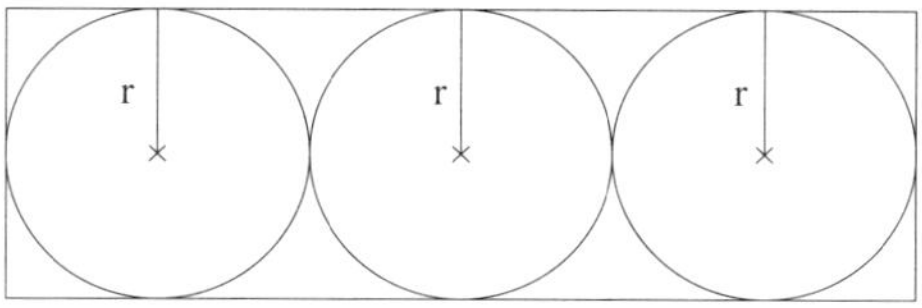

Quaderförmige Verpackung:
Es entsteht ein Prisma mit einer quadratischen Grundfläche mit $a = 2r$ und der Höhe $h = 6r$.
$V_{Pr} = (2r)^2 \cdot 6r = 24r^3$
Zylindrische Verpackung:
Es entsteht ein Zylinder mit dem Grundkreisradius r und der Höhe 6r.
$V_{Zyl} = r^2\pi \cdot 6r = 6r^3\pi$
Das Volumen der Quaderverpackung ist

$$p = \frac{V_{Pr} - V_Z}{V_Z} \cdot 100\,\% = \frac{r^3(24 - 6\pi)}{r^3 \cdot 6\pi} \cdot 100\,\% = 27{,}32\,\%$$

größer als das Volumen der zylindrischen Verpackung.

114. Mithilfe der Zylinderformel ergibt sich für das Volumen:
$V = a^2\pi \cdot a = a^3\pi$

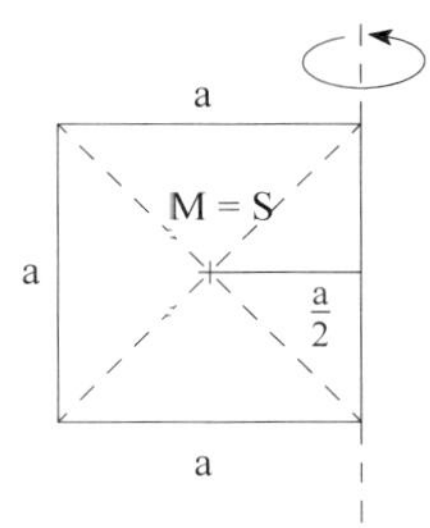

Der Schwerpunkt S beschreibt bei der Rotation einen Kreis mit Radius $\frac{a}{2}$, d. h. den Umfang

$u = 2 \cdot \frac{a}{2}\pi = a\pi.$

Die Fläche des Quadrates beträgt $A = a^2$, d. h. man erhält
$V = A \cdot u = a^2 \cdot a\pi = a^3\pi$, denselben Wert wie oben.

115. Für die Höhe h des Trapezes gilt:

$h^2 = (2a)^2 - a^2$

$= 4a^2 - a^2 = 3a^2$

$\Rightarrow h = a\sqrt{3}$

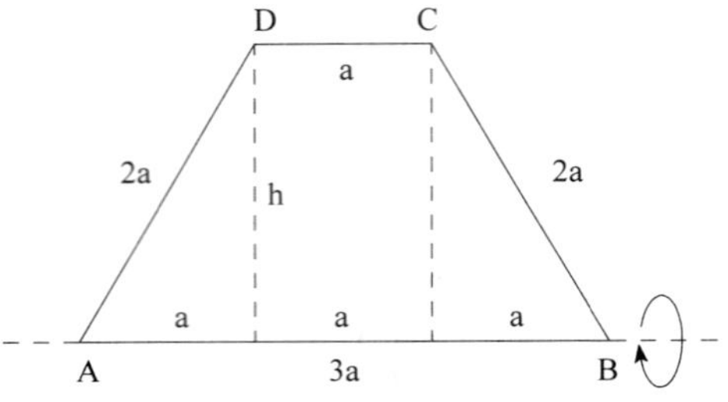

Bei der Rotation des Trapezes um die Achse AB entsteht ein Zylinder mit dem Radius h und der Höhe h, dem zwei Kegel mit dem Radius h und der Höhe a aufgesetzt sind.

$V = h^2\pi \cdot a + \frac{1}{3} h^2\pi \cdot a \cdot 2 = 3a^3\pi + \frac{1}{3} \cdot 3a^2\pi \cdot a \cdot 2$

$= 3a^3\pi + 2a^3\pi = 5a^3\pi$

Die Oberfläche besteht aus dem Zylindermantel sowie den beiden Kegelmänteln.

$O = 2 \cdot h \cdot \pi \cdot a + h \cdot \pi \cdot 2a \cdot 2 = 6a\pi h = 6a\pi \cdot a\sqrt{3} = 6\sqrt{3}\, a^2\pi$

116. Berechnung von r:

ΔBMH:

Satz des Pythagoras:

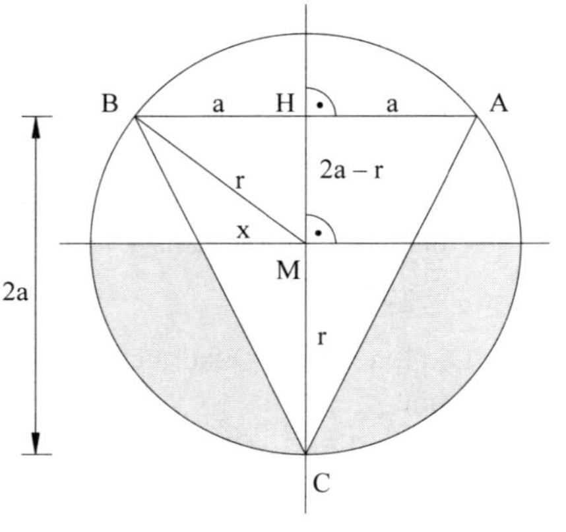

$a^2 + (2a - r)^2 = r^2$

$a^2 + 4a^2 - 4ar + r^2 = r^2$

$5a^2 - 4ar = 0$

$4ar = 5a^2$

$r = \frac{5}{4}a$

Berechnung von V:

Es entsteht eine Halbkugel mit Radius $r = \frac{5}{4}a$, aus der ein Kegel mit dem Radius x und der Höhe r herausgenommen wird.

Den Radius x erhält man aus den Gesetzen der zentrischen Streckung:

$\frac{x}{a} = \frac{r}{2a} \Rightarrow x = \frac{r}{2} = \frac{5}{8}a$

$V = \frac{1}{2} \cdot \frac{4}{3} \cdot \left(\frac{5}{4}a\right)^3 \pi - \frac{1}{3} \cdot \left(\frac{5}{8}a\right)^2 \pi \cdot \frac{5}{4}a = \frac{125}{96}a^3\pi - \frac{125}{768}a^3\pi$

$= \frac{875}{768}a^3\pi \approx 3{,}58a^2$

Ihre Meinung ist uns wichtig!

Ihre Anregungen sind uns immer willkommen.
Bitte informieren Sie uns mit diesem Schein über Ihre Verbesserungsvorschläge!

Titel-Nr.	Seite	Fehler, Vorschlag

Bitte hier abtrennen

STARK

Bitte hier abtrennen

Zutreffendes bitte ankreuzen!

Die Absenderin/der Absender ist:

- ☐ Lehrer/in
- ☐ Fachbetreuer/in
  Fächer: ____________
- ☐ Oberstufenbetreuer/in
- ☐ Seminarlehrer/in
  Fächer: ____________
- ☐ Schulleiter/in
- ☐ Regierungsfachberater/in
  Fächer: ____________
- ☐ Schüler/in
- ☐ Eltern
- ☐ Sekretariat

Unterrichtsfächer:

____

Stark Verlag
Postfach 1852
85318 Freising

Kennen Sie Ihre Kundennummer?
Bitte hier eintragen.

Absender (bitte in Druckbuchstaben)

____
Name/Vorname

____
Straße/Nr.

____
PLZ/Ort

Schule/Schulstempel (bitte immer angeben)

6-V1M

Bitte ausfüllen und im frankierten Umschlag an uns einsenden. Für Fensterkuverts geeignet.

Training aus der Praxis für Schüler !

Theorie ist gut, Praxis ist besser. Deshalb enthalten unsere von Fachlehrern entwickelten Trainingsbände nicht nur alle nötigen Fakten, sondern jede Menge praxisgerechte Übungen mit vollständigen Lösungen. Auf die prüfungsrelevanten Stoffgebiete konzentriert, ermöglichen alle Bände ein effektives Lernen – beste Voraussetzungen, um sich als Schüler selbständig vorzubereiten.

Mathematik

Wiederholung 10. Klasse
Übungsmaterial zur Wiederholung des Unterrichtsstoffs vor Klassenarbeiten, der „Zentralen Klassenarbeit" sowie der „Besonderen Prüfung". **Inhalt:** Kreisberechnung, Berechnung von Körpern, Potenzrechnung u. v. m. Mit Lösungen.
■ **Best.-Nr. 80001** .... **DM 16,90**

Mathematik Algebra – 10. Klasse **NEU**
Der Algebrastoff der 10. Klasse wird mit Blick auf die Oberstufe dargestellt. **Inhalt:** Potenzen mit natürlichen Zahlen als Exponenten, Potenzen mit ganzzahligen Exponenten, Potenzen mit beliebigen Exponenten u. v. m. Mit Lösungen.
■ **Best.-Nr. 90014** .... **DM 17,90**

Mathematik Algebra – 9. Klasse **NEU**
Erklärungsteil, Grundwissen, Regeln mit dazugehörigen Grundaufgaben sowie Aufgaben. Dazu Lösungen. **Inhalt:** Quadratwurzeln, Rechnen mit Quadratwurzeln, quadratische Gleichung, quadratische Funktionen, Wurzelgleichungen.
■ **Best.-Nr. 90013** .... **DM 17,90**

Mathematik Geometrie – 9. Klasse **NEU**
Wiederholung des notwendigen Grundwissens, prägnante Beispiele und Übungen mit Lösungen. **Inhalt:** Strahlensatz, Satzgruppe des Pythagoras, zentrische Streckung und Ähnlichkeit, Fortführung der Raumgeometrie: Pyramide.
■ **Best.-Nr. 90023** .... **DM 17,90**

Mathematik Algebra – 8. Klasse
Erklärungsteil, prägnante Beispiele sowie Aufgaben mit Lösungen. **Inhalt:** Addition, Subtraktion, Multiplikation und Division von Bruchtermen; lineare Gleichungssysteme u. v. m.
■ **Best.-Nr. 90012** .... **DM 17,90**

Mathematik Geometrie – 8. Klasse **NEU**
Darstellung des Lehrstoffs 8. Klasse sowie Wiederholung des Vorjahres. Übungen mit Lösungen. **Inhalt:** Vierecke, Kreis u. Gerade, Flächenmessung, Einführung in die Raumgeometrie.
■ **Best.-Nr. 90022** .... **DM 17,90**

Mathematik Algebra – 7. Klasse **NEU**
Darstellung des gesamten Lehrstoffs, Aufgaben mit Lösungen. **Inhalt:** rationale Zahlen und ihre Rechengesetze, lineare Gleichungen und Ungleichungen, Termumformungen, Textaufgaben.
■ **Best.-Nr. 90011** .... **DM 16,90**

Mathematik Geometrie – 7. Klasse **NEU**
Erklärungsteil, prägnante Beispiele sowie Übungen mit Lösungen. **Inhalt:** geometrisches Zeichnen, Grundbegriffe der ebenen Geometrie, Winkel an Geradenkreuzungen bei Dreiecken und Vielecken, Symmetrie und Kongruenz geometrischer Figuren, Dreiecke.
■ **Best.-Nr. 90021** .... **DM 17,90**

Mathematik 6. Klasse
Umfaßt den gesamten Lehrstoff und erläutert ihn anhand von Beispielen. Dazu 30 Prüfungsaufgaben mit ausführlichen Lösungen. **Inhalt:** Dezimalbrüche, Bruchzahlen, Rechnen mit Bruchzahlen, Prozentrechnung, Proportionalität, geometrische Grundbegriffe.
■ **Best.-Nr. 90006** .... **DM 19,90**

Mathematik 5. Klasse
Umfaßt den gesamten Lehrstoff und erläutert ihn anhand von Beispielen. Dazu 50 Klassenarbeiten mit ausführlichen Lösungen. **Inhalt:** die vier Grundrechenarten, natürliche Zahlen, Größen und Sachaufgaben, geometrische Grundbegriffe, Teilbarkeit natürlicher Zahlen.
■ **Best.-Nr. 90005** .... **DM 18,90**

(Bitte blättern Sie um)

Natürlich führen wir noch mehr Buchtitel für alle Schularten. Bitte rufen Sie uns einfach an. Wir informieren Sie gerne! Tel.: 0 81 61/17 90

Mathematik
Übertritt ins Gymnasium
Trainingsmaterial zur Vorbereitung auf den Übertritt ins Gymnasium, auf eine eventuelle Aufnahmeprüfung und zur Wiederholung des gesamten Grundwissens der Grundschule. Enthält 30 Prüfungsaufgaben mit 180 Teilaufgaben und zusätzlichen Übungsaufgaben. Dazu Lösungen. **Inhalt:** Maße, die vier Grundrechenarten, Aufbau des Zahlensystems, Sachaufgaben (Textaufgaben), Prüfungsaufgaben.
■ **Best.-Nr. 90001 .... DM 17,90**

Deutsch

Erörterung 9./10. Klasse
Systematisch aufgebaute Anleitung zur Erstellung von Gliederungen für die Erörterung anhand von Aufsatzbeispielen. Hinweise auf formale Gestaltung, Sprachrichtigkeit und häufige Fehlerquellen. Mit Übungen, ausführlichen Lösungen sowie hilfreichen Mustergliederungen.
■ **Best.-Nr. 80401 .... DM 12,90**

Englisch

Wortschatz Englisch – Mittelstufe NEU BEARBEITUNG
Mit einer nach Wortfamilien und in alphabetischer Reihenfolge geordneten Wortschatzliste, die gründlich über „definitions", „paraphrasing", „synonyms" und „opposites" informiert. Dazu Beispielsätze zu den wichtigsten Wörtern. Darüber hinaus ein Leitfaden zum leichteren Erlernen des Vokabulars und zum selbständigen Erschließen von unbekanntem Wortschatz.
■ **Best.-Nr. 91455 .... DM 17,90**

Comprehension 1
Übungstexte aus dem Erfahrungsbereich des Schülers ab der 8. Klasse. Mit Fragen zum Text und zum jeweiligen Thema. Dazu Lösungen, Grammatikübungen, Hinweise auf häufige Fehlerquellen sowie Wortschatzaufgaben.
■ **Best.-Nr. 91453 .... DM 14,90**

Comprehension 2
Grammatikalisch und thematisch anspruchsvollere Übungstexte mit Fragen für Schüler ab der 9. Klasse. Dazu Lösungen, Grammatikübungen sowie Hinweise auf häufige Fehlerquellen.
■ **Best.-Nr. 91452 .... DM 14,90**

Englische Rechtschreibung
Einprägsame Wort- oder Satzbeispiele, Darstellung der Regeln und Gesetzmäßigkeiten wie Vor- und Nachsilben, unregelmäßige Verbformen, Groß- u. Kleinschreibung, Apostroph-s und wörtliche Rede. 265 Aufgaben mit Lösungen.
■ **Best.-Nr. 80453 .... DM 15,90**

Translation Practice 1
Übungsmaterial, das hilft, Übersetzungen aus dem Englischen besser zu meistern. Die Grammatikbereiche – Partizip-Konstruktionen, Sätze mit „for" und „since", Gerundien, Infinitive – werden nach ihrer Schwierigkeit in der Übersetzung dargestellt. 275 Aufgaben mit Lösungen.
■ **Best.-Nr. 80451 .... DM 15,90**

Translation Practice 2
Übersichtlich aufgebaute Kapitel, die gezielt die Übersetzung ganzer Texte aus dem Bereich der Landeskunde und Geschichte der USA trainieren. Dazu Wörterbucharbeit mit Platz zum Selberreinschreiben für Schüler sowie zahlreiche Übungen zum britischen und amerikanischen Englisch. Alle Übungen mit Lösungen.
■ **Best.-Nr. 80452 .... DM 15,90**

Englisch 6. Klasse NEU
Kompaktes Trainingsmaterial zur Vorbereitung auf den Englisch-Unterricht in der 6. Klasse. Die wichtigsten Grammatikbereiche – wie z. B. Gerundium, Zeitformen des Verbs, Nebensätze mit Konjunktionen – werden in übersichtlicher Form dargestellt und anhand von meist illustrierten spielerischen Übungen mit steigendem Schwierigkeitsgrad trainiert. Dazu eine Liste der benutzten Wörter und ein ausführlicher Lösungsteil.
■ **Best.-Nr. 90506 .... DM 17,90**

Bestellungen bitte direkt an den Stark Verlag
Postfach 1852 · 85318 Freising · Tel. (08161) 1790 · FAX (08161) 17951
Preisänderungen behalten wir uns vor.

STARK